U0162640

国家自然科学基金项目申请攻略

薛小怀 著

机械工业出版社
CHINA MACHINE PRESS

本书主要介绍了国家自然科学基金项目申请的行为准则、一般性问题、立项依据的撰写、申请书中的参考文献、研究团队的组成、可行性分析和研究基础、代表性论著、形式审查、其他项目、函评与会评，基金项目为什么这么难以及如何提升自己的学术能力和水平等内容，基本涵盖了年轻学者申请国家自然科学基金青年科学基金项目、面上项目和地区科学基金项目时遇到的大部分问题的分析与解答，可帮助年轻学者们提升申请书的撰写质量与水平，提高申请效率和成功率。尤其是本书尝试从社会学、心理学和教育学等不同的角度阐释了学术和科研、理论与实践、学习与生活、事业与人生等各方面之间的关系，可帮助那些对未来发展处于迷茫期和遇到瓶颈的学者开阔视野、调整心态、突破瓶颈。

本书可作为普通高校和科研院所从事学术和科研工作的人员申请国家自然科学基金项目时的指导书，也可以作为对研究生和刚入职的年轻学者进行科研培训的入门教材。

图书在版编目（CIP）数据

国家自然科学基金项目申请攻略/薛小怀著. —北京：机械工业出版社，2022.5（2025.1重印）

ISBN 978-7-111-70461-4

Ⅰ.①国… Ⅱ.①薛… Ⅲ.①中国国家自然科学基金委员会-科研项目-申请 Ⅳ.①N12

中国版本图书馆 CIP 数据核字（2022）第 051323 号

机械工业出版社（北京市百万庄大街 22 号　邮政编码 100037）
策划编辑：吕德齐　　　　　责任编辑：吕德齐　王春雨
责任校对：张亚楠　王　延　封面设计：鞠　杨
责任印制：常天培
固安县铭成印刷有限公司印刷
2025 年 1 月第 1 版第 6 次印刷
169mm×239mm · 11.75 印张 · 1 插页 · 155 千字
标准书号：ISBN 978-7-111-70461-4
定价：79.00 元

电话服务　　　　　　　　　网络服务
客服电话：010-88361066　　机　工　官　网：www.cmpbook.com
　　　　　010-88379833　　机　工　官　博：weibo.com/cmp1952
　　　　　010-68326294　　金　书　网：www.golden-book.com
封底无防伪标均为盗版　　机工教育服务网：www.cmpedu.com

前言

Preface

  我 2003 年 8 月参加工作，2004 年第一次接触国家自然科学基金（以下简称"自然科学基金"），面上项目和青年科学基金项目在一起评审，当时连个讨论交流的人都找不到，因此第一年的结果是没有获批。随后仔细地研究了基金指南，第二年顺利获批。2008 年前后，自然科学基金申请在各大高校的年轻老师中开始大热起来，于是我在网络上给大家义务解答有关基金申请的问题，至今发布的时评文章和回帖总计 27 万多，阅读量超过 200 余万次，让大家的基金撰写水平较十年前有了显著的提升，陪伴很多年轻老师实现了科研梦，我觉得是一件很有意义的公益活动。网友们提的问题不仅与基金申请有关，还有很多是与工作、生活甚至是心理方面相关的疑问。与素未谋面的学术界同仁以自然科学基金为桥梁进行交流，用自己积累的经验帮助很多人，觉得很高兴。在这方面的收获远远地超过了自己发表的引用率最高的一篇论文，特别是每年收到项目获批了要感谢我之类的消息之后尤为高兴。

  我来自农村，特别珍惜能上大学的机会。由于家里经济条件差，在大学四年期间，比较大的支出就是买了一件文化衫和一双球鞋，只要有空闲时间就勤工助学，做过家教、学校的绿化工，给公司看过大门，还真在工地搬过砖，以此弥补生活费的不足。除了第一学期买了教材，之后上课用的教材都是在学校图书馆借的，真是应了那句"书非借不能读也"。当时为了免还大学 4 年的困难补助贷款，积极响应学校鼓励考研的政策，除了学好数学和英语之外，考研要考的基础课和专业课基本上是每 3~5 个月就背一遍。记得在西安交通大学上研究生时，薛锦教授说薛小怀的卷子答得很好，判卷子时给了90分。当时主要是怕丢分，所以答题的时候知无不言，言无不尽。如今在回答年轻老师问题时不自觉地保留了这个习惯，以至于后来为很多期刊评审论文的时候基本上就是挑错，所以有时候在外面开会遇到同行就说自己是"专业纠错"的。正是因为有了这个底子，在申请自然科学基金时在如何把握科学问题方面感觉比较轻松。同时，在遇到企业界的朋友咨询现场焊接问题时，只要了解大致的情况，就能给出解决问题的方向，虽然自己手不能持枪焊接，但是解决起现场问题来还是得心应手、游刃有余的。近两年线上教学开始流行起来，我利用自己所学的专业知识为焊接行业做焊接公开课，普及焊接知识，在全国焊接界引起了很大的反响。对于传统的学科方向来说，只有掌握了雄厚的理论基础知识，才能结合实践给出科学结论，才能推陈出新，即便不申请自然科学基金，也能帮企业解决实际问题，并为行业做贡献。

我喜欢阅读，只要有时间就找书看，什么书都看，即使在大学期间，也会用为数不多的生活费买名人传记来学习，不管是名人自己写的，还是他人写的，在字里行间寻找让自己热血沸腾的燃点，比如在看《毛泽东传记》时有两个词——"自励"和"游学"就是我的燃点。这么多年来通过自我鼓励，隔一段时间总结一下自己的进步。在中学阶段就想着游学天下，所以在本科、硕士、博士，乃至在博士后阶段都在不同的学校和地方求学，接触了很多人。在每个求学阶段，还经常找各种机会去接触自己心中仰慕的人，和他们交往，学习他们的长处。在西安石油学院上大学时，对我影响比较深的一位老师是高惠临教授，他为人和蔼，让我体会到水平越高的老师对学生可能越包容。高教授课堂上经常讲一些笑话给大家提神，我就想着自己以后也要当一名像他一样的老师。在西安交通大学读研究生时，我按捺不住自己的性子，参加了很多社团活动，我的导师王雅生教授和我的一次谈话让我记忆深刻，他并不反对我参加这些活动，但是告诚我不能影响自己的学业，这让我在任何时候都提醒自己做事情要分清主次。李长久老师是当时我们焊接所最年轻的教授，也是学生们心目中的偶像。在我硕士学位论文预答辩时，李老师对电容放电采集数据的时间-电压曲线提出强烈的质疑，毫秒级别的放电瞬间只采集到 3 个点我就做了一条曲线，而李老师认为至少 5 个点才可以，虽然我进行了解释（时间短、受采集速度和反应速度等的限制，只能采到 3 个点），但依旧无济于事，最后只能把半年多的工作内容删去了。从这件事情中我明白：试验数据有瑕疵，结论就会受到质疑。我在中国科学院沈阳金属研究所（以下简称"金属所"）读博士期间，接触了很多材料领域的知名研究员，这里只提四位，一位是王仪康研究员，我继承了王老师的很多理念，其中一点就是关于个人发展的，个人能力是一方面，除此之外还需要勤奋努力，同时也需要有人赏识才成。我估计现在很多年轻老师遇到的瓶颈大部分和这个有关。另外一位是周本濂院士，当年他为了测材料的高温性能，想了很多奇妙的设计，为了得到认可，到处找资助，挨个去上门说服专家接受自己的想法，所测得的很多数据后来为"两弹一星"做出了贡献，这同现在申请自然科学基金有些类似。很多申请书写得不错，但总是评分不高，所以建议年轻老师多出去开会，多和领域内的专家交流自己的想法，争取多渠道获得专家的认可。中国科学院的研究生一入学，都是先到中国科学技术大学读一年书，然后才回来进实验室做学位论文工作，只有金属所是例外，卢柯院士任所长的时候跟我们研究生说，要请全国乃至国际上讲课最好的老师给研究生上课，也包括邀请知名专家、学者来金属所作报告，让我们有机会接触学术前沿。卢柯院士自己作报告水平就很高。这同样也是我做大学老师这么多年一直追求的方向，包括怎么讲，怎么写，怎么准备PPT，怎么让听众、读者在很短的时间内听明白、读明白，这既是一门学问，也是需要花时间精益求精的功夫活儿。我的导师钱百年研究员性格内敛，不善言谈，但他却是金属所中不是所长也不是院士的两位学术委员会委员之一。钱老师对我们几个学生的要求就是要解决实际问题，尤其是在没有解决问题时不要发表那么多文章，看似解决了问题，其实没有。个人认为，任何一个研究领域都有自己的问题需要解决，不是一蹴而就的，需要绵绵用力、徐徐图之。钱老师当时也说过，做研究有些人喜欢刨松土，有些人喜欢深挖。这个说法很形象地说出了是追热点研究，还是选择一个问题进行系统而深入的研究，这需要根据自己的实际情况进行选择，传统专业方向可能更倾向于后者。

在我成长的过程中，很感谢遇到的很多优秀的师长，在和他们交往的过程中收获颇多，也慢慢形成了自己做科研和当老师的一些理念和习惯，但我做得不够好，还需要继续努力。对于发展比我好的同事和朋友，在他们遇到问题和我交流时，我就说"看看我，你就会觉得自己还不错，多给自己鼓励加油，很快就能恢复心态和信心。"对于还未上岸，发展遇到瓶颈的朋友，我就说"看看我，像我这么努力和勤奋，现在也只是一般吧。人生短暂如白驹过隙，只要自己不放弃，找一个适合自己做的事情，投入其中就会忘记时间、忘记自己的不快。"比如，有些人喜欢站在讲台上滔滔不绝、眉飞色舞地给学生讲课；有些人善于分析数据、捕捉数据中存在的规律，然后总结成有影响力的论文；有些人喜欢工作之余旅游、画画、摄影等，这些都会给工作和生活带来乐趣。尤其是现在实行代表作制度，只要做出了有特色的贡献，应该比以前更能获得同事和同行的认可。

自然科学基金的申请，看的是研究基础和可行性分析、对科学问题的把握和项目的创新性，但是评申请书最终是评申请人，越是重点、重大以及人才项目的评审，就越看重学术影响力和申请人，做学术就是做人，所以前言中说了这么多，希望读者们可以思考一下自己的学术之路到底该如何走，想清楚了，再来看自然科学基金的申请。其实申请自然科学基金只是学术活动中很小的一部分。这样来看，获得同行的认可，获得资助就是学术活动的一个收获而已。否则，欲望大于能力，会感到压力较大，如果还不查缺补漏，只是在申请书的撰写上打转，即使获得了资助，要做好学术也是很难的。

　　本书是在多年和年轻学者们交流自然科学基金申请书撰写经验和评审体会的基础上完成的，有些内容为大家所熟知，有些内容是第一次和大家见面，还有些内容参考了网上一些学者的博文，以及和一些专家教授的日常交流。在这里衷心感谢在本书成书过程中提供帮助的专家、学者和朋友们！书中观点为一家之言，仅供读者参考。由于水平有限，书中难免有不当之处，欢迎广大读者批评指正。

　　　　　　　　　　　　　　　　　　　　　　　　薛小怀

目录 ◑

Contents

第1章 自然科学基金申请的行为准则

每年度的《国家自然科学基金项目指南》（后文简称为《指南》）在申请规定中明确指出：申请人在申请之前应当认真阅读《国家自然科学基金条例》（后文简称为《条例》）等与申请相关的通知、通告等。申请规定包括申请条件与材料、限项申请规定、预算编报要求、科研诚信要求、依托单位职责和责任追究等。由此可以看出，《条例》和《指南》就是申请国家自然科学基金（后文简称为"自然科学基金"，英文缩写为 NSFC）项目的行为准则，任何与之相关的解读、解释权在国家自然科学基金委员会（后文简称为"基金委"），其他任何单位和个人在未获得授权的情况下无权对其进行解读。通常情况下，依托单位科研部门或者相关部门的解读均来自基金委官方，比如基金委官网上发布的相关问题解答。本章涉及的内容实际上是《条例》和《指南》的简化版，即大家关心最多的问题，如果出现与基金委当年发布的《条例》和《指南》相抵触的内容，请以当年发布的最新的版本为准。

1.1 申请条件

1. 刚毕业但尚未入职的硕士或者博士如何申请自然科学基金？可以申请哪些类型的基金？

刚毕业的硕士或者博士，不管是国内还是国外，尚未入职，或者还没有找到相应的单位，如果要申请自然科学基金，申请人必须与在基金委注册的依托单位协商，并取得该依托单位的同意，可以申请面上项目、青年科学基金项目，不得申请其他类型项目。

申请人申请项目时，应当在申请书基本信息表和个人简历中如实填写工作单位信息，并与依托单位签订书面合同（要求详见《国家自然科学基金依托单位基金工作管理办法》第十三条），书面合同无须提交基金委，留依托单位存档备查。

非受聘于依托单位的境外人员，不能作为无工作单位或所在单位不是依托单位的申请人申请各类项目。

2. 正在攻读硕士或博士学位的研究生能否申请？

正在攻读硕士或博士学位的研究生（接收申请截止日期时尚未获得学位）不得作为申请人申请各类项目，但在职攻读硕士或博士学位的人员经过导师同意可以通过受聘单位作为申请人申请面上项目、青年科学基金项目和地区科学基金项目（其中，在职攻读硕士学位人员不得申请青年科学基金项目）。申请时应当提供导师同意其申请项目并包括导师签字的函件，说明申请项目与其学位论文的关系，以及承担项目后的工作时间和条件保证等，并将函件扫描件作为申请书附件上传。受聘单位不是依托单位的在职攻读硕士或博士学位人员不得作为申请人申请各类项目。

3. 在站博士后研究人员能否申请？

在站博士后研究人员可以作为申请人申请的项目类型包括面上项目、

青年科学基金项目、地区科学基金项目和部分其他类型项目（由相应项目指南确定）。

这里需要注意的是，博士后研究人员申请青年科学基金项目时，年限可以根据在站时间选择 1 年期、2 年期和 3 年期。如果申请青年科学基金项目获批，在项目实施期间不得变更依托单位，这里主要是指转出项目实施单位。

4. 受聘于依托单位的境外研究人员申请自然科学基金需要注意什么？

受聘于依托单位的境外人员，不得同时以境内申请人和境外合作者［指国际（地区）合作研究项目的外方申请人或外方合作者］申请项目，优秀青年科学基金项目（港、澳地区）除外。

海外及港、澳地区学者合作研究基金项目负责人和国际（地区）合作研究项目［包括：重点国际（地区）合作研究项目与组织间国际（地区）合作研究项目］境外合作者，在项目结题前不得作为申请人申请其他类型项目，优秀青年科学基金项目（港澳）除外。

境内身份的项目负责人，在项目结题前不得作为境外合作者参与申请国际（地区）合作研究项目，包括重点国际（地区）合作研究项目与组织间国际（地区）合作研究项目。

5. 能否同时申请国家自然科学基金项目和国家社会科学基金项目？

为避免重复资助，自然科学基金委员会管理科学部项目与国家社会科学基金项目联合限制申请，具体要求详见当年《指南》"科学部资助领域和注意事项-管理科学部"有关内容。

1.2 申请材料

1. 全面实行无纸化申请

申请项目时，依托单位只需在线确认电子申请书及附件材料，无须报送纸质申请书。项目获批准后，依托单位将申请书的纸质签字盖章页装订在《资助项目计划书》最后一并提交。签字盖章的信息应与信息系统中提交的最终版电子申请书保持一致。

2. 有关合作单位的问题

主要参与者中如有申请人所在依托单位以外的人员（包括研究生），其所在单位即被视为合作研究单位（境外单位不视为合作研究单位）。申请人应当在线选择或准确填写主要参与者所在单位信息。申请书基本信息表中的合作研究单位信息由信息系统自动生成。每个申请项目的合作研究单位不得超过2个（特殊说明的除外）。

项目获批准后，申请人和主要参与者本人应当在申请书纸质签字盖章页上签字。主要参与者中的境外人员，如本人未能在纸质申请书上签字，则应通过信件、传真等方式发送本人签字的纸质文件，说明本人同意参与该项目申请和承担研究工作，随纸质签字盖章页一并报送。合作研究单位应当在纸质签字盖章页上加盖公章，公章名称应当与申请书中单位名称一致。已经在基金委注册为依托单位的合作研究单位，应当加盖依托单位公章；没有注册的合作研究单位，应当加盖该法人单位公章。

3. 如何选择申请代码和关键词

申请人应当根据所申请的研究方向或研究领域，按照《指南》中的"国家自然科学基金申请代码"准确选择申请代码，特别注意：

1）选择申请代码时，尽量选择到二级申请代码（4位数字）。

2）重点项目、重大研究计划项目、联合基金项目等对申请代码填写可能会有特殊要求，详见《指南》正文相关类型项目部分。

3）申请人在填写申请书简表时，请准确选择"申请代码1"及其相应的"研究方向"和"关键词"内容。

4）申请人如对申请代码有疑问，请向相关科学部咨询。

4. 受聘于多个单位的项目申请人或主要参与人需要注意什么

具有高级专业技术职务（职称）的申请人或者主要参与者的单位有下列情况之一的，应当在申请书中详细注明：

1）同年申请或者参与申请各类科学基金项目的单位不一致的。

2）与正在承担的各类科学基金项目的单位不一致的。

申请人及主要参与者均应当使用唯一身份证件申请项目，申请人在填写本人及主要参与者姓名时，姓名应与使用的身份证件一致，姓名中的字符应规范。曾经使用其他身份证件作为申请人或主要参与者获得过项目资助的，应当在申请书相关栏目中说明，依托单位负有审核责任。

5. 关于避免重复资助的问题

申请人申请科学基金项目的相关研究内容已获得其他渠道或项目资助的，请务必在申请书中说明受资助情况以及与申请项目的区别与联系，应避免同一研究内容在不同资助机构申请的情况。

申请人同年申请不同类型的科学基金项目时，应在申请书中列明同年申请的其他项目的项目类型、项目名称，并说明申请项目之间的区别与联系。

6. 项目实施起止时间的问题

除特别说明外，申请书中的起始时间一律填写申请当年的次年 1 月 1 日，结束时间按照各类型项目资助期限的要求填写结束年的 12 月 31 日。

1.3 限项申请规定

（1）申请人同年只能申请 1 项同类型项目，其中：重大研究计划项目中的集成项目和战略研究项目、专项项目中的科技活动项目、国际（地区）合作交流项目除外；联合基金项目中，同一名称联合基金为同一类型项目。

（2）上年度获得面上项目、重点项目、重大项目、重大研究计划项目（不包括集成项目和战略研究项目）、联合基金项目（指同一名称联合基金）、地区科学基金项目资助的项目负责人，本年度不得作为申请人申请同类型项目。

（3）连续两年申请面上项目未获资助，包括初审不予受理的项目，暂停面上项目申请1年。

（4）除特别说明外，申请当年资助期满的项目不计入申请和承担总数范围，比如有当年12月31日结题的项目，该项目不计入承担总数的范围。

（5）高级职称的申请人员申请和承担的总数为2项。

具有高级专业技术职务（职称）的人员，申请（包括申请人和主要参与者）和正在承担（包括负责人和主要参与者）以下类型项目总数合计限为2项：面上项目、重点项目、重大项目、重大研究计划项目（不包括集成项目和战略研究项目）、联合基金项目、青年科学基金项目、地区科学基金项目、优秀青年科学基金项目、国家杰出青年科学基金项目、重点国际（地区）合作研究项目、直接费用大于200万元/项的组织间国际（地区）合作研究项目（仅限作为申请人申请和作为负责人承担，作为主要参与者不限）、国家重大科研仪器研制项目（含承担国家重大科研仪器设备研制专项项目）、基础科学中心项目、资助期限超过1年的应急管理项目、原创探索计划项目以及专项项目。

特别说明的除外；应急管理项目中的局（室）委托任务及软课题研究项目、专项项目中的科技活动项目除外。

（6）不具有高级专业技术职务（职称）人员作为申请人申请和作为项目负责人正在承担的项目数合计限为1项，作为主要参与者申请和正在承担的项目数合计限为2项。

1）不具有高级专业技术职务（职称）人员作为主要参与者正在承担

的 2022 年（含）以前批准资助的项目不计入申请和承担项目总数范围，2023 年（含）以后批准（包括负责人和主要参与者）项目计入申请和承担项目总数范围。

2）晋升为高级专业技术职务（职称）后，原来作为负责人正在承担的项目计入申请和承担项目总数范围，原来作为主要参与者正在承担的项目不计入。

（7）作为项目负责人限制获得资助次数的项目类型。

1）青年科学基金项目、优秀青年科学基金项目、国家杰出青年科学基金项目、创新研究群体项目，同类型项目作为项目负责人仅能获得 1 次资助。

2）地区科学基金项目：自 2016 年起，作为项目负责人获得资助累计不超过 3 次，2015 年以前（含 2015 年）批准资助的地区科学基金项目不计入累计范围。

（8）申请人即使受聘于多个依托单位，通过不同依托单位申请和承担项目，其申请和承担项目数量仍然适用于限项申请规定。

1.4 合作研究外拨资金

（1）申请人与主要参与者不是同一单位的，主要参与者所在单位（境内）视为合作研究单位。

（2）合作研究双方应当在计划书提交之前签订合作研究协议（或合同），并在预算说明书中对合作研究外拨资金进行单独说明。合作研究协议（或合同）无须提交，留在依托单位存档备查。

（3）合作研究的申请人和合作方主要参与者应当根据各自承担的研究任务分别编制预算（简称分预算），经所在单位审核并签署意见后，由申请人汇总编报预算（简称总预算）。其中，申请书阶段的分预算需经合作方主要参与者签字（在预算表空白处），计划书阶段的分预算需经合作方主要参与者签字和合作研究单位盖章（在预算表空白处）。

定额补助式资助项目的分预算无须提交，留在依托单位存档备查。成本补偿式资助项目的分预算作为总预算附件提交给基金委。

（4）项目实施过程中，依托单位应当及时转拨合作研究单位资金，加强对转拨资金的监督管理。

（5）经双方协商约定不外拨资金的合作研究可以不签订合作研究协议（或合同）、不分别编制预算，并在预算说明书中予以明确。

1.5 科研诚信

1. 关于个人信息

（1）科学基金项目应当由申请人本人申请，严禁冒名申请，严禁编造虚假的申请人及主要参与者。

（2）申请人及主要参与者应当如实填报个人信息并对其真实性负责；同时，申请人还应当对所有主要参与者个人信息的真实性负责。严禁伪造或提供虚假信息。

（3）申请人及主要参与者填报的学位信息，应当与学位证书一致；学位获得时间应当以证书日期为准。

（4）申请人及主要参与者应当如实、准确填写依托单位正式聘用的职称信息，严禁伪造或提供虚假职称信息。

（5）无工作单位或所在单位不是依托单位的申请人应当在申请书基本信息表中如实填写工作单位和聘用信息，严禁伪造信息。

（6）申请人及主要参与者应当如实、规范填写个人履历，严禁伪造或篡改相关信息。

（7）申请人应当如实填写研究生导师和博士后合作导师姓名，不得错填、漏填。

2. 关于研究内容

（1）申请人应当按照《指南》、申请书填报说明和撰写提纲的要求填写申请书报告正文，如实填写相关研究工作基础和研究内容等，严禁抄袭、剽窃或弄虚作假，严禁违反法律法规、伦理准则、科技安全等方面的有关规定。

（2）申请人及主要参与者在填写论文、专利和奖励等研究成果时，应当严格按照申请书撰写提纲的要求，规范列出研究成果的所有作者（发明人或完成人等），准确标注，不得篡改作者（发明人或完成人等）顺序，不得隐瞒共同第一作者或通讯作者信息，不得虚假标注第一作者或通讯作者。

（3）申请人及主要参与者应严格遵循科学界公认的学术道德、科研伦理和行为规范，涉及人的研究应按照国家、部门（行业）和单位等要求提请伦理审查；不得使用存在伪造、篡改、抄袭、剽窃、委托"第三方"代写或代投以及同行评议造假等科研不端行为的研究成果作为基础申请自然科学基金项目。

（4）不得同时将研究内容相同或相近的项目以不同项目类型、由不同申请人或经不同依托单位提出申请，不得将已获资助项目重复提出申请。

（5）申请人申请自然科学基金项目的相关研究内容已获得其他渠道或项目资助的，须在申请书中说明受资助情况以及与所申请自然科学基金项目的区别和联系，不得将同一研究内容向不同资助机构提出申请。

申请人应当将申请书相关内容及科研诚信要求告知主要参与者，确保主要参与者全面了解申请书相关内容并对所涉及内容的真实性、完整性及合规性负责。

申请人及主要参与者违反《指南》或其他科学技术活动相关要求和承诺的，一经发现，基金委将按照《条例》和《指南》等相关规定，视情节轻重予以终止评审等相应处理；对涉嫌违背科研诚信要求的行为，将移交自然科学基金委员会监督委员会予以调查，对存在问题的将严肃处理。

第 2 章 自然科学基金申请的一般性问题

2.1 如何选择学科代码?

《国家自然科学基金申请代码》于 2020 年 10 月经国家自然科学基金委员会党组审批正式印发实施。申请代码层级统一为两级,总量为 1389 个。其中,一级代码 126 个,二级代码 1263 个。有些申请人每年都申请,每年都换一个学部(也就是一级代码),认为自己的研究领域属于交叉学科,每个学部好像都很适合去申请,但申请之后年年败北,比如,有些申请人就在化学科学部、生命科学部和医学科学部来回选择。其实这里面有一个比较简单的办法,对于大部分申请人来说,可以咨询自己的导师来确定自己的研究在哪个学部及其所属的二级代码。因为申请人自己和导师有基本相同或者相近的研究方向,在该研究方向的专家在某种程度上会对申请人有一定的了解,比如通过开题报告、学位论文答辩、期刊论文的同行评审、参加各种学术交流研讨会等,都有可能增加申请人所从事的研究工作在同行中的影响。如果某人在某学科领域里发表了 *Science* 或者 *Nature* 的文章,肯定会被同行快速熟知,即便没见过该文章的作者,但依旧会记得作者的姓名。因此建议刚步入工作的申请人多参加本专业的学术会议和研讨会，并在会议上大胆地发言，向同行们介绍自己的研究工作，让同行们认可自己的学术思想，逐渐建立自己的学术影响力。同时，选择发表论文的期刊也要有所取舍，有时候综合期刊的影响可能比较大，但是自己所属专业的期刊也要给予足够的重视，专业同行一般会更关注专业期刊上哪位同行做了很有意思的工作。

2.2 如何选择关键词？

为了保证函评的公平性和公正性，基金委多年来一直致力于减少人为因素干扰，逐步推进电脑智能指派，电脑指派通讯评审专家（通常简称为函评专家）的依据是什么？就是关键词。

基金委的科学基金网上申报系统中的关键词是根据历年来基金申请书中高频关键词提取而来的，即便如此，也会出现一些问题。比如某学科的关键词 1000 多个，使用率不到 50%，有些申请书中的关键词找不到合适的研究方向，智能指派系统难以匹配合适的专家。

基金委各学部从 2015 年开始花大力气进行了关键词的优化和修订工作，正因为如此，建议一定要根据系统给定的关键词，或者与系统给定的最相近的关键词进行选择，就是为了避免电脑智能指派不合适的专家，甚至找不到合适的专家。同理，如果函评专家在完善专家库中的专家信息时未选择系统提供的关键词，自己使用的几个关键词，其他学者根本就不用，那么该专家很难在电脑智能指派函评任务时被系统抽选到。

也会存在这样的情况，比如这几年 3D 打印大热，所以不同的学科都有"3D 打印"这个关键词，可能就会出现 A 学科的申请书送给 B 学科的专家进行函评。以工程与材料科学部为例，首先选择一级代码，比如 E05 或者 E04，分别是工程与材料科学部下属的机械设计与制造学科和矿业与冶金工程学科。这样的话在这个代码下的专家基本上就能与自己的大方向相关了，然后到二级代码之下采选关键词，电脑智能指派函评专家时就会在自己选择的学科的专家库里匹配合适的专家。相反，如果在一级代码下没有合适的研究方向，但是该方向下面有特别适合自己研究内容的关键词，为了关键词选择了不一定适合自己研究方向的一级代码，很有可能会出现申请书送到同一学部其他学科的函评专家手里的情况。

2.3 研究生毕业了是否就能申请自然科学基金了？

有申请人咨询：3 月份毕业，学位证书 9 月份才能拿到，可否把学位论文答辩决议书扫描后作为附件上传到申请页面？

刚参加工作的年轻学者意气风发、踌躇满志，申请和承担青年科学基金项目通常是作为独立从事科学研究的标志，如果项目获批说明得到了专业领域同行的认可，可在学术生涯中打下良好的基础。基金项目无论是对年轻学者个人，还是入职的单位都具有很重要的意义，因此在入职之前，大多数的单位都很重视并且督促刚毕业入职的博士申请青年科学基金项目。

大多数博士培养单位每年都会集中授予学位，比如每年的 3 月份和 9 月份分两批授予，所以通过学位论文答辩和拿到学位证书不同步，因此博士毕业不一定马上就能拿到博士学位证书。

《指南》中对个人信息部分明确提出：申请人及主要参与者填报的学位信息，应当与学位证书一致；学位获得时间应当以证书日期为准。

答辩决议书在入职时可以作为博士身份的证明，但是《指南》中已经明确规定以学位证书的时间为准。颁发博士学位会有公示期，如果在公示期发现问题，也有可能被取消，因此博士毕业不一定说可以以博士身份申请自然科学基金。

对于首次申请国家自然科学基金项目的申请人，向依托单位管理员或经依托单位授权的二级单位管理员提供个人姓名和邮箱信息，由管理员新建账号，激活完善个人信息后即可使用。

2.4 博士后要不要申请青年科学基金项目？

博士后在学术和科研领域是一支独特的生力军，首先是经过了严格的科研培训、学位论文盲审评议和论文答辩委员会检验合格，甚至是优秀；其次，是经过博士后设站单位筛选并认定有学术素养、极具培养前途的青年才俊；再次，为了争取各种资源，设站单位鼓励博士后申请各种类型的基金项目，一般包括博士后面上资助和特别资助，当然也包括自然科学基金青年科学基金项目。虽然为博士后设立的博士后基金项目可以自由申请，但是自然科学基金青年科学基金项目的申请不管获批与否都存在后顾之忧，不得不三思而后行。

博士后在站一般为两年，申请自然科学基金青年科学基金项目能选择的期限也就是1~2年。第一年进站开始申请并获批，第二年实施，这是最理想的情况，而且入站时间在当年3月之前，或者前一年，得掐着时间，要考虑在站两年期之内完成项目；如果是入站之后第二年申请，获批后要在1年的实施期内在站完成，这极有可能需要博士后延期出站，难度十分大。在站期间除了要完成签订的协议做课题组的项目，还要发表和申请设站单位工作量认可的论文和专利等，这同样需要时间。

有些博士后认为，在站期间如果能申请到青年科学基金项目是一件大好事，于公于私都有益处。涉及延期出站，或者还有那么点心思，想着是否可以留校呢？至少单位可以负责延期出站期间的生活费。

如果以此倒逼留校，估计很难有单位就范。单位通常鼓励博士后申请各种在站期间的博新计划。因为一个青年科学基金项目就能留校？除非设站单位很缺青年科学基金项目。

2020 年的《指南》明确规定：博士后承担的青年科学基金项目不得变更依托单位。申请下来后很尴尬。现在的单位都很实际，博士后期间申请到的青年科学基金项目对入职单位没有贡献，谁会在意？倒不如入职后再申请，获批后作用更大，而且利于将来的职称申报。具体如何选择，建议慎重考虑。

2.5 本科和硕士学历申请自然科学基金难不难？

每年基金申请结果发布之日，总有获批的老师在网上发帖庆祝，不管是青年科学基金项目，还是面上项目，其中就有本科学历和硕士学历的申请人，而且这种实例历年来屡见不鲜。

自然科学基金是开放型基金，只要所在单位是在基金委注册的依托单位，都可以申请，没有学历的限制。因此本科学历、硕士学历均可以申请青年科学基金项目和面上项目。

面上项目申请的难度大是大家普遍认可的事实，尤其是偏应用的学科竞争相当激烈。一些偏应用的研究存在很难提炼科学论点、很难写出有深度的文章、没有支撑材料等问题，还有依托单位的实力、平台的研究基础、导师在研究领域影响力等问题。

这里涉及一个自信心的问题，也是很多年轻科研人员申请基金时很容易产生的心理误区，眼睛总是盯在自己的短板上，心理上放大了短板的作用。比如，有些申请人会问只有几篇三区的 SCI 论文能否申请成功？看见别人有一区 SCI 的论文都没有中，觉得自己没希望了；再比如，有些申请人认为自己是"双非"学校的，自觉比别人矮一等。

其实每年都有论文、单位都一般，但是只要项目好，就能获得成功的案例。因此客观分析自己的优势很重要，按照四种类型的项目归属，把申请书写好很重要。

有位老师询问自己是硕士学历，工作十余年了，自觉很难和现在刚入职的年轻博士们相比，一直在犹豫要不要也申请自然科学基金项目。我帮他分析后认为，实验室有 150 位研究人员是很大的科研团队了，在普遍要求博士学历入职的年代，能以硕士学历工作说明活儿多、项目多，自身也很优秀；从事科研十余年，有很多的积累。这些都是这位申请人的优势，好好总结和提炼这些年所在领域到底有哪些课题值得做，里面有什么科学问题需要解决，提出的方案与他人的不同之处和独到之处是什么。这样分析下来这位老师觉得自己也不是一无是处，还是有很多突出的亮点和优势。

2.6 申请书查重

基金委的查重大致开始于 2016 年前后，每年都有被查出来重复申请的。重复申请包括：有自己重复自己已立项的项目申请书，也有重复人家已经或者没有立项的项目申请书，有重复自己认识的其他人的申请书，也有重复不认识的其他人的申请书，甚至与毫不相干的人的申请书重复。

据某位会评专家在网上说，会评时手里的一份申请书与申请人自己往年已获资助的申请书重复率高达 60% 以上，会评工作人员给与会专家还附上该申请人当年已获资助项目的申请书。虽然评分很高，由于重复率太高，在会评时还是没有通过，不能重复资助。

该专家还说了一个案例，其中一份上会的申请书与多年前已获资助的申请书相似度超过 90%，两份申请书的申请人互不认识，该申请人被取消申请资格。

由此可知，如何保护自己的申请书就显得尤为重要！每年都有获批或者未获批的老师们很纠结，别人要看自己的申请书给不给看呢？大多数老师认为，给看是情分，不给看是本分。对于慷慨分享申请书的老师需要注意的一个风险是，谁也不能避免分享的申请书的传播，该份申请书可能在多个老师之间互传，甚至传到网上，也可能会被个别申请人拿去申请。

还有一种可能，就是个别函评专家违规把收到的函评任务里的申请书稍作修改后再申请，或者违规把申请书传给他人，包括同事、已经工作的弟子、自己的研究生或者朋友等。借鉴写法是可以的，但是抄袭肯定不可以。

曾经有年轻老师问查重是怎么查的，自己的导师或者师兄、师姐已经获批的申请书，能不能换个说法作为自己的申请书？答案是肯定不能。

还有申请人说自己很幸运要到了已获资助的申请书，自己的研究方向和人家基本相同，左看右看，觉得人家写得太好，能不能把立项依据换掉，研究内容不变，或者立项依据不变，换掉研究内容？计算机软件查重，只要重复就不行！有些人问允许的重复率是多少，30%是否可以？立项依据或者研究内容不动，算下来差不多也就30%，甚至还可以换个说法再降一些。这样是肯定不行的！

好的申请书大家都会爱不释手，但是拿来的时候一定要注意，不要动歪脑筋去骗查重软件，申请书还是自己写才好。

2.7 自然科学基金申请学术不端行为的解读

基金委每年都要通报一批学术不端行为案件的处理结果，以2020年发布的两批案件处理为例，其中第二批案件处理结果与2021年度项目指南同步发布，因此在学术界引起很大的轰动。有些人在基金撰写过程中的疑惑比较相近，例如，他人以前未获批的申请书是否能拿来用？自己参考了已获批的申请书，关键科学问题和研究内容以及立项依据是否可以重复？参与人的信息不太确定，如果写错了，评审专家是否发现不了？6 月份才能拿到博士学位，3 月份能不能以博士身份进行申请？论文已被期刊接收了，但是只能在申请书提交截止日期之后印刷，该论文的影响因子很高，是专业领域顶级期刊，能不能作为代表性论文？是否可以与论文代投机构合作？通过此次案例的公布，大概可以解释部分疑惑，总结为如下几类，可作为学术活动的禁忌。

（1）以学习、参考、借鉴已获批申请书（其实可以扩大到未获批申请书）为名行抄袭之实。从 2021 年两批披露的申请书抄袭案例可知，不管是借给他人，还是从网络上接触到他人的申请书，或是合作者的申请书，再或是通过其他渠道获得的申请书，抄袭已获批或未获批申请书均在基金委接到举报后的调查范围之内。因此一方面要妥善保管自己的申请书，另一方面见了申请书不要"见书起意"，要对自己负责，对他人负责。

（2）指导的研究生数据造假，对数据和图片进行选择、组装，篡改试验数据等。不管是学位论文还是发表的期刊论文，只要被发现，论文就会被撤稿，标注自然科学基金资助信息的，该项目撤销，已拨项目经费予以收回。因此导师在指导研究生的过程中要严格监管，切实履行导师职责。如果产生造假论文，导师不能以不知情为由而推脱应有的责任。

（3）找第三方代写、代投，不管是期刊论文还是基金申请书，出现了署名作者互相不认识的情况，甚至还出现了与其他期刊论文内容高度相似之处。只要被发现、被举报，结果都是论文撤稿；标注了自然基金项目号的，项目撤销，已拨经费予以收回。因此无论是论文，还是申请书，都要自己亲力亲为，不要找人捉刀。

（4）论文乱挂基金号。有的人以为论文挂基金号不但容易发表，而且对结题很有利，论文作者和基金负责人可以双赢。其实不然，如果论文出现造假、抄袭等学术不端问题，基金负责人知情的话必将承担学术不端的责任，因此对于论文挂基金号应慎之再慎。

（5）未经他人同意列其他人为基金项目参与人，同时假冒他人签字。这类事情已有前车之鉴了，毋庸多说，但是仍然会有少数申请人这么做。其实很简单，征求别人同意，不费太多时间和精力，保留下邮件、微信、QQ 留言等即可作为依据。

（6）参与人员的身份信息与真实身份不符。为了提升项目组成员的研究基础和研究实力，在提供参与人员的学历、职称等信息时弄虚作假。最恶劣的情况是捏造不存在的参与人。在这方面除了申请人要承担责任外，依托单位也要承担审核不力的连带责任。

（7）操纵作者署名和试图颠覆同行评议过程的问题。抄袭他人未发表手稿、已发表论文，操纵作者署名和试图干扰同行评议过程等问题，在基金委网站上有发布的相关案例。要引以为戒，不要心存侥幸。

（8）研究生 A 的学位论文抄袭，导师未发现认为是原创，让研究生 B 将研究生 A 的学位论文改写为期刊论文投稿，投稿时研究生 A 不知情，而且研究生 B 投稿时也列研究生 A 为共同署名作者，同时还将不知情的研究生 C 列为署名作者，还擅自标注以 D 为自然科学基金项目负责人的项目号，一通操作下来，几乎把学术不端行为都过了一遍。

（9）研究成果造假：未授权的专利标注为已授权，未发表的论文标注为已发表，调换作者顺序，共同第一作者标注为唯一第一作者，共同通讯作者标注为唯一通讯作者等。对于未发生的事情千万不要往好的方向预测，比如可能会授权，大概率会被接收，已经接收了的，大概率会发表等，这些都有可能会造成研究成果造假的事实。当下大数据如此方便获得，掩耳盗铃式的学术不端行为，千万不要抱有侥幸的心理。

（10）大海捞针式的打招呼，干扰函评专家评审的行为。不管是申请人还是函评专家，在项目函评阶段都要严格自律。从 2020 年公布的案例来看，真是应了那句古话——若要人不知，除非己莫为。

2.8　同一师门或者同课题组撰写申请书应该注意的问题

　　经常有年轻老师比较烦恼，自己的工作是师兄、师姐学位论文工作的延续，不管是大论文还是小论文，绪论或者前言都不好写，甚至研究材料、仪器设备和研究方法都差不多，这可怎么办？导师的基金申请书是面上项目，自己的青年科学基金项目是导师项目里研究内容的一部分，导师的立项依据都是自己来准备的，能否有一部分重复？研究内容能否部分一样呢？还有，都是同一个导师或者课题组组长（principle investigator，PI），研究方向都差不多，导师或 PI 把自己的申请书拿出来让师兄弟或者课题组其他老师学习，大家的立项依据、研究内容、关键科学问题，包括研究基础都差不多，这样的申请书查重时会不会通不过呢？省自然科学基金的申请书能否直接或者稍微修改一下用于国家自然科学基金呢？

　　每年都会有申请书查重的过程，和历年已获批申请书或者同年的申请书查重，2020 年还扩充到了历年未获批的申请书中。2021 年发布的《指南》中还规定了不得以相同或类似的内容向不同部门申请资助。比如为避免重复资助，自然科学基金委管理科学部项目与国家社会科学基金项目联合限制申请，也就是说，在申请国家自然科学基金与社会科学基金之间只能是二选一。申请人申请自然科学基金项目的相关研究内容已获得其他渠道或项目资助的，请务必在申请书中说明受资助情况，以及与申请项目的区别与联系，应避免同一研究内容在不同资助机构申请的情况。申请人同年申请不同类型的自然科学基金项目时，应在申请书中列明同年申请的其他项目的项目类型、项目名称，并说明申请项目之间的区别与联系。除此之外，还有哪些具体的规定呢？根据《指南》中不同学科明确指出的不予受理的情况，这里进行了如下总结。

　　（1）化学科学部：青年科学基金项目强调支持有创新思想的研究课

题，不鼓励简单延续导师课题的申请，淡化对研究积累的评价权重，以利于青年人才脱颖而出。对于研究内容相同或相近的项目，不得由不同申请人重复提出申请。

（2）管理科学部：不支持将相同或基本相同的项目申请书在不同的资助机构（或不同科学部）以同一申请人或者不同申请人的名义进行多处申请。对于申请人在以往自然科学基金项目基础上提出新的项目申请，应在申请书中详细阐明以往获资助项目的进展情况，以及新申请项目与以往获资助项目的区别、联系与发展。新申请项目与申请人已承担或参加的其他机构（如科技部、教育部、国家社会科学基金、地方基金等）资助项目研究内容相关的，应明确阐述二者的异同、继承与发展关系。为督促申请人认真做好在研项目的研究工作，管理科学部对 2019 年度、2020 年度（特别是 2020 年度）获资助的项目负责人，2021 年度再次提出的项目申请予以从严评审。

（3）医学科学部：详细论述与本项目直接相关的前期工作基础。如果是对前一资助项目的延展，请阐释深入研究的科学问题和创新点；前期已经发表的工作，请列出发表论文；尚未发表的工作，应提供相关试验资料，如试验数据、图表、照片等。为使科学家集中精力开展研究工作，2020 年度获得高强度项目［如重点项目、重点国际（地区）合作研究项目、高强度组织间国际（地区）合作研究项目、重大项目、重大研究计划或联合基金中的重点支持项目、国家重大科研仪器研制项目等］资助的申请人或课题负责人，以及申请项目与申请人承担的其他国家科技计划研究内容有重复者，2021 年度申请面上项目时原则上不再给予支持。如果研究内容与原导师工作相似或是原研究生课题的后续研究，申请人应征得原导师的同意，并在申请书中附上原导师同意函。

由以上可知，在基金申请书撰写的过程中，不要用各种方法来应付申请书查重，或应付函评专家。甚至有年轻老师咨询：查阅了历年的受资助项目信息，发现有的已获资助的项目的名称特别贴合自己即将申请的项目，能否再使用这个项目的名称？或者说，看了别人的项目申请书，觉得人家写得太好了，怎么改都没有人家写得好，该怎么办呢？个人建议，这种情况先别着急申请，因为即使获批了，只要被查出来，项目仍旧会被撤销，已拨经费予以收回。

2.9 什么是干扰评审程序行为？

读者可能不太清楚如何界定干扰评审程序行为。基金委在官网发布的2020年度自然科学基金学术不端行为处理决定中就有干扰评审程序的案例，读者可自行上网查看。

其实，在我国新闻出版行业标准《学术出版规范：期刊学术不端行为界定》中就有关于干扰评审程序的不端行为。干扰评审程序是指故意拖延评审过程，或者以不正当方式影响发表决定，其表现形式包括：

（1）无法完成评审却不及时拒绝评审或与期刊协商。

（2）不合理地拖延评审过程。

（3）在非匿名评审程序中不经期刊允许直接与作者联系。

（4）私下影响编辑，左右发表决定。

由此可以看出，不管是基金项目的评审还是期刊论文的评审，评审人、基金项目申请人或者论文作者都不得以任何理由违反或者干扰评审程序。根据学术出版规范，其他的不端行为还包括：伪造、编造审稿人信息、审稿意见；不按约定，向他人或社会泄露论文关键信息；在非匿名评审程序中干扰期刊编辑、审稿专家；向编辑推荐与自己有利益关系的审稿专家等。

学术活动都必须遵守相应的规范和行为准则，从而保证学术活动的规范性和评审过程及结果的公平、公正性。

2.10　自然科学基金应该资助哪些人？

自然科学基金主要面向重点高等院校和中国科学院里从事基础研究的学者，并不是面向全国所有高校的老师和科研院所的科研人员。但是，有些申请人和依托单位，只是把自然科学基金视为获得科研经费的途径，获得职称评聘的资格，或者是为了依托单位的排名，或者为了改善待遇，完全没把其作用理解为与国际同行在基础研究领域的交流与竞争。由于对自然科学基金作用的认识不足，导致有些年轻老师把自然科学基金看作抽奖、买彩票、刷运气，进一步导致大家普遍认为自然科学基金申请的门槛高，只要获批了，后面结题很容易。

一般来说，科学发明、发现的时间是以收到论文稿件和发表的时间为准，这是目前世界公认的。基础研究的三要素：发表、引用、影响。基础研究把论文写在国际顶级期刊上，应用研究把成果写在祖国大地上。这比较符合自然科学基金设立的初衷，很简洁地说明了基础研究和应用研究的作用；也可以解释为基础研究和国际同行竞争，应用研究致力于促进经济建设、提升国力，为国家、社会和经济建设的发展保驾护航。

自然科学基金项目研究的表现形式主要包括自然科学奖、研究论文和人才培养。

自然科学基金倾向于资助有实力的依托单位、有先进仪器设备的平台、在某领域对某个科学问题具有多年研究经验和积累的以及其他各方面都具有优势的申请人，以便在立项获批后更容易取得突破性的进展。

人才培养应该以博士生或者博士后合作为主，尤其是立志投身科研和学术事业的研究生，积极为国家挑选、培养和储备基础研究人才。否则，把有限的自然科学基金的经费，花在只想拿到文凭和学位后就离开学术和科研的研究生身上，是一种极大的浪费。

最后再说研究论文，上面已经有说明，这里再补充一下。由于依靠专家对自然科学基金项目的创新性进行了评估，所以对研究结果总结和凝练后形成的研究论文应该在国际学术界占有一席之地。但是这个愿望与实际结果有很大的差距。论文是有了，但多是重复研究或者是跟踪研究，很多是帮人家把提出的理论、模型或者一些想法进行试验验证。这样的论文对热点很敏感，很容易发表，但实际上对学术和科研没有太大意义。

综上，读者对自然科学基金资助的对象和资助后应该做什么有了一定的了解，以便更好地准备自然科学基金项目的申请。

2.11　2020年各学部四类科学属性分类申请获批分析

2020年，基金委按照新时期科学基金资助导向，扩大分类申请与评审试点范围，选择全部面上项目和重点项目开展基于四类科学问题属性的分类申请与评审工作。四类科学问题属性分别为：鼓励探索，突出原创（属性Ⅰ）；聚焦前沿，独辟蹊径（属性Ⅱ）；需求牵引，突破瓶颈（属性Ⅲ）；共性导向，交叉融通（属性Ⅳ）。为使申请人准确理解和把握四类科学问题属性的具体内涵，根据科学基金深化改革工作要求，基金委在2020年编制了"四类科学问题属性典型案例库"，供申请人在选择科学问题属性时参考。

在需要选择科学问题属性的项目申请中，选择"需求牵引，突破瓶颈（属性Ⅲ）"的项目最多，占申请总量的38.38%；其次为选择"聚焦前沿，独辟蹊径（属性Ⅱ）"的项目，占申请总量的38.06%；选择"鼓励探索，突出原创（属性Ⅰ）"和"共性导向，交叉融通（属性Ⅳ）"的项目分别占申请总量的13.03%和10.53%。对于进行分类评审的面上项目和重点项目，选择属性Ⅲ的项目占比最高，有关统计数据见表2-1。

表 2-1　2020 年度和 2019 年度申请面上项目和重点项目科学问题属性统计

项目类型	申请总数（项）		科学问题属性占比（%）							
			属性 I		属性 II		属性 III		属性 IV	
	2020 年	2019 年	2020 年	2019 年	2020 年	2019 年	2020 年	2019 年	2020 年	2019 年
面上项目	112885	100084	9.90	16.45	39.78	34.66	40.76	37.18	9.56	11.71
重点项目	3889	3725	8.46	11.73	39.14	37.58	45.02	42.50	7.38	8.19

从面上项目科学问题属性统计数据可知，数理科学部、化学科学部和医学科学部面上项目选择属性 II 的项目占比最高，分别为 50.53%、48.75% 和 50.19%；其余科学部面上项目选择属性 III 的项目占比最高，其中工程与材料科学部选择属性 III 的项目占比达到 60.94%，有关统计数据如表 2-2 所示。

表 2-2　2020 年度申请面上项目科学问题属性统计（按项目管理部门统计）

科学部名称	科学问题属性占比（%）			
	I	II	III	IV
数理科学部	12.05	50.53	25.28	12.14
化学科学部	8.05	48.75	34.45	8.75
生命科学部	11.94	37.43	43.33	7.30
地球科学部	8.79	38.60	39.38	13.23
工程与材料科学部	6.36	23.59	60.94	9.11
信息科学部	5.56	37.16	44.87	12.41
管理科学部	5.58	20.76	60.32	13.34
医学科学部	13.68	50.19	28.22	7.91
合计	9.90	39.78	40.76	9.56

由 2020 年数据可知，选择属性 I 和属性 IV 的项目占比普遍较低，选择属性 II 和属性 III 的项目占比普遍较高，2020 年各学部四类科学问题的申请与获批情况见表 2-3~表 2-9。

表 2-3 数理科学部 2020 年度面上项目申请按四类科学问题属性统计

学科	项目申请数（项）及占比（%）								
	I 类	占比	II 类	占比	III 类	占比	IV 类	占比	合计
数学	453	20.36	1197	53.80	198	8.90	377	16.94	2225
力学	131	7.67	526	30.80	805	47.13	246	14.40	1708
天文学	44	10.73	223	54.39	118	28.78	25	6.10	410
物理 I	186	9.36	1307	65.74	349	17.56	146	7.34	1988
物理 II	126	8.58	688	46.87	501	34.13	153	10.42	1468
合计	940	12.05	3941	50.53	1971	25.28	947	12.14	7799

表 2-4 数理科学部 2020 年度重点项目申请按四类科学问题属性统计

学科	项目申请数（项）及占比（%）								
	I 类	占比	II 类	占比	III 类	占比	IV 类	占比	合计
数学	15	19.23	41	52.56	13	16.67	9	11.54	78
力学	4	4.49	16	17.98	58	65.17	11	12.36	89
天文学	2	6.06	24	72.73	7	21.21	0	0.00	33
物理 I	7	7.86	58	65.17	14	15.73	10	11.24	89
物理 II	12	14.63	40	48.78	22	26.83	8	9.76	82
合计	40	10.78	179	48.25	114	30.73	38	10.24	371

表 2-5 化学科学部 2020 年度面上项目、重点项目申请及获得资助统计

项目类型	科学问题属性	申请数（项）	上会（项）	资助（项）	上会率（%）	资助率（%）
面上项目	I	716	193	133	26.96	18.58
	II	4333	1340	958	30.93	22.11
	III	3062	839	596	27.40	19.46
	IV	778	191	128	24.55	16.45
	合计	8889	2563	1815	28.83	20.42
重点项目	I	29	10	5	34.48	17.24
	II	125	47	36	37.60	28.80
	III	125	34	21	27.20	16.80
	IV	28	11	8	39.29	28.57
	合计	307	102	70	33.22	22.80

表 2-6　生命科学部 2020 年度面上项目、重点项目申请及获得资助统计

项目类型及科学问题属性		申请		资助	
		项数	占比（%）	项数	资助率（%）
面上项目	I	1852	11.95	176	9.50
	II	5802	37.43	1514	26.09
	III	6718	43.33	1171	17.43
	IV	1131	7.29	168	14.85
	合计	15503	100.00	3029	19.54
重点项目	I	76	12.52	12	15.79
	II	299	49.26	63	21.07
	III	206	33.94	36	17.48
	IV	26	4.28	2	7.69
	合计	607	100.00	113	18.62

表 2-7　信息科学部 2020 年度面上项目、重点项目申请统计

科学问题属性	申请数（项）	申请数占比（%）
I	1480	6.30
II	8545	36.39
III	10364	44.13
IV	3095	13.18

表 2-8　管理科学部 2020 年面上项目申请及获批按四类科学问题属性占比排序

	学科 G01、G02、G03
申请项目数占比排序	III（需求）、II（前沿）、IV（交叉）、I（原创）
获批项目数占比排序	II（前沿）、III（需求）、I（原创）、IV（交叉）

表 2-9　医学科学部 2020 年重点项目申请和答辩占比统计

分类属性	申请数（项）	申请数占比（%）	答辩数（项）	答辩数占比（%）
I	80	10.54	19	23.75
II	404	53.23	105	25.99

（续）

分类属性	申请数（项）	申请数占比（%）	答辩数（项）	答辩数占比（%）
Ⅲ	234	30.83	49	20.94
Ⅳ	41	5.40	6	14.63
合计	759	100.00	179	23.58

2.12 如何准备申请自然科学基金？

有些人每年都很认真地写申请书，总是不获批。为此，请教了几位知名教授，以下是这些教授给的建议或者意见，希望能给读者提供一些借鉴和参考。

1. 理清思路

一个申请书要获得成功，至少需要 6~8 个月时间的准备和酝酿，这里面包括：思考自己想要做什么？自己在这方面已经有的研究是什么？研究过程中有什么新的问题产生？或者说还有什么问题需要进一步研究，研究后可以解决哪些疑问？这个是最初的准备。想好了以后，就开始在专业领域的学术会议里找有影响力的会议，把自己的工作整理成若干个 15min 左右的 PPT，然后做好计划，逐一参加这些学术会议。这里一定要注意阐述研究的意义和结果，最关键的是要传递给与会同行，自己接下来要进行的工作，能解决什么问题。在参加会议期间，除了自己作报告期间与同行的互动交流，发现新问题，弥补自己学术思想方面的不足，还要注意在其他同行作报告前后，积极与报告人交流自己对其研究的想法和存在的问题。也可以在会议期间与不作报告的同行进行交流，通过这些交流传达自己已有的研究工作和即将进行的研究工作。最后在春节前后就可以动笔写或者修改申请书了。

写申请书的时间往往和获批率是成反比的。在写前需要花大量的时间进行思考，一个问题如何才能解决，其实最关键的是有没有思路，这个思路切合的是专业领域最普遍的基础知识点和原理。一个申请书被大同行和小同行都认可，里面的科学问题应该是特别简单的，不用长篇大论地进行解说，大同行一看就能明白的，但是这个化繁为简是需要一些功力的。所以先做到胸有成竹再下笔写，就能行云流水、如有神助，看似写申请书的时间短，却能事半功倍。很多学者可能会说，平时连看参考文献的时间都没有，哪能那么容易？在很多情况下，参考文献不是必要的，只是为了印证自己的思想或者思路而已。所以不要太过重视看文献，看得多了有时反倒耽误时间。

2. 提前实施项目

项目申请的时候，提早实施，并且完成得差不多了，等项目申请下来以后就开始着手下一个项目的研究了，否则根本来不及做。这也是很多大课题组、大团队经常的做法。这样做的好处是写申请书时有研究基础、预研的结果，而且还有相关的论文发表，这个项目相当于等米（资助的经费）下锅，自然占优势，也可以形成良性循环。

有的学者可能觉得拿重点、重大、科技专项等大项目以及人才项目距离自己太遥远，那就是拿个青年科学基金项目，拿个面上基金项目，解决一下职称问题就可以了，甚至经费多少都无所谓，只要基金委给个项目号，不给经费都可以。估计很多申请人在申请多次都没有成功获批的情况下会产生这样的想法。但这种消极的想法，不但于事无补，而且这种情绪还会影响后续的申报成功率。要想成功获批，平时就得多思考，多和同行交流，早计划、早启动，快人一步、胜人一筹，这样才能增加成功的机会。

3. 总结经验、教训

大多数情况下，只要第一次申请的项目获批了，很快就会策划和构思第二个项目，两个项目到手以后，后面估计就顺畅多了。拿到两个项目以后，就有成功的经验了，而且获批的项目越多，经验就越丰富，最后就会有"写了就中是正常的，不中才是不正常的"想法。如果很不走运，申请的项目一直没有获批，导致申请人对自己的学术能力和潜力产生怀疑，也顾不得总结经验、教训了。其实，每次申请未中多少也是有经验可总结的，只是自己没有重视。相反，一旦获批了，再反过来复盘，就会发现，虽然花了很多时间，走了很多弯路，但总归好事多磨，倍觉珍惜。

由以上可知，申请自然科学基金的准备工作开始多早都不算早。平时做一个有心人，时时刻刻都在思考自己的研究工作，在这种情况下，即便只有一个星期的时间写申请书都来得及。

第 3 章　立项依据的撰写

自然科学基金申请书的重中之重就是立项依据。填写立项依据时，需要围绕要做的研究展开论述；论述的核心是为所做的研究找依据；依据的延伸就是拟研究的内容；研究内容里涉及的基本原理、方法和规律就是项目的科学问题；科学问题的解决就是项目实施的研究目标；为了实现研究目标，就要根据研究内容设计试验方案并制定技术路线。为了说服函评专家同意和认可试验方案及技术路线，就要给出足够的理由说明自己的方案和路线是可行的，同时也要阐述已经具备的研究基础与研究条件，总结出来项目的特色和创新之处。特色和创新是给申请的项目锦上添花。个人认为这就是撰写一份申请书的结构或者行文的逻辑，按照这个逻辑构思布局，写起来基本上是一气呵成。

大多数情况下，好像在撰写申请书的过程中的每一步都很困难。每到申请书撰写和提交前，总是很焦虑。究其原因，可能是在平时工作中的积累不够，或者忙于做研究却没有花时间去思考，在能力和水平上需要进一步提高。其实，撰写基金申请书也是提升申请人自身学术能力和水平的关键途径之一，即便没有获批，对自己以前的研究工作也是一个很好的总结。申请人只有对自己申请的项目有了深刻的认识，才会有绝对的自信，得到函评专家的认可和最终的获批都应该是水到渠成的事情。相反，不积极努力地积累和思考，水平和能力得不到提高，如果还想着项目获批，那就是欲望超过了能力，肯定会焦虑、着急、茫然失措。

很多专家传授基金申请经验时说"好的申请书是改出来的"，比如发表的期刊论文、学位论文，要经过一遍一遍反复的修改。因此很多年轻学者在元旦甚至国庆节前后就写好了申请书，然后开始请各路专家反复修改。到底是一气呵成好，还是反复打磨好呢？大家可以回忆一下，中学时代最满意的作文是在老师的帮助下一直修改才完成的吗？高考时语文科目里的作文是否有时间反复地琢磨和修改？如果按照上述的思维逻辑写申请书，最多也就是在遣词造句方面有所提升，在对科学问题的认识方面没有很大的帮助。打个比方，欲画一幅大象，起笔伊始画成了猪，试问谁有那么大的本事把初稿的猪修改成大象呢？所以"反复修改"显然不如"一气呵成"靠谱。当然，"一气呵成"之前对创新点、研究内容、研究方案要有充分的认识，要做到胸有成竹，撰写只是一个文字过程而已。如何达到这样的境界呢？显然，动笔之前可以与专家多方交流讨论，捕捉专家们的思想火花，形成自己独有的看法，这也许就是"创新点"。

由此可知，申请书的撰写其实包括了立项依据、研究内容、科学问题以及创新点，因此本章的题目虽然是"立项依据的撰写"，但是其中不可避免地也有科学问题的提炼，请读者自己在阅读过程中体会。

3.1 立项依据里的逻辑关系

自然科学基金申报的数量每年都在攀升，每年都有新的学者加入，新人们踌躇满志，几经磨炼，多次被拒之后，慨叹"吾待基金如初恋，即使她虐吾千遍万遍"。

自然科学基金最难的是什么？什么使我们总是止步于函评阶段？为什么总是"出师不利"呢？

有些年轻学者说自然科学基金申请书最难的是立项依据，有些说最难的是科学问题，还有些学者说创新性最难写。其实对于刚接触自然科学基金的年轻学者们来说，申请书中的每一部分都很难。把每一部分都写好，确实很困难，尤其是大多数人习惯于在有标准答案的考试中证明自己的优秀。现在除了可以从自己的导师、课题组的 PI 以及关系极好的朋友处获得一些宝贵的信息，更重要的是依靠自己的信息搜索和过滤能力来做决定。曾经以《指南》为基础，出了一份阅读理解的试卷，几乎是 100% 的答题正确率，简单得甚至被学生鄙视。但是恰恰是这么简单的阅读理解难倒了很多的年轻学者。由此可见，答试卷和实践是两回事，在实践中，再优秀的人都需要指导，以使自己更优秀。

提醒年轻学者们：请注意申请书撰写时的逻辑关系。很多申请人不得要领，即便看了很多获批的申请书，自己写起来还是一头雾水，不知道如何阐述自己绝妙的创意。这里面有一个很大的问题，那就是转化问题。就好像即使上了总裁班，也不会每个人都能成为总裁，这就需要用实践来检验。也就是说，如果用考试来检验，那大多数人能理解并能答出来；如果没有考试，完全由自己在实践中应用，则很多人做得并不好。

其实很简单，就是要培养独立思考的能力，对任何事物和现象得有自己的主见，而且能搜索自己大脑里储存的信息，再通过文献检索或文献调研补充相关的信息，为自己的主见提供细节上的支持。

除了模板要求的提纲必须遵守之外，每个部分的内容如何来完善，就看每个申请人的水平了。在立项依据的撰写过程中如何能做到行云流水，让函评专家在阅读过程中除了能很快领会申请人对所研究问题认识的深度和广度，还能体会到申请人对语言文字的运用之妙，阅读时没有丝毫的凝滞，更能让人读后心潮澎湃，情不自禁地引起共鸣呢？以下用一个例子做简单的分析，不针对具体的研究领域和研究方向，仅仅给读者一个启示。

【例】张三研究了什么，……；李四研究了什么，……；王五研究了什么，……。后面省略号的部分很关键，这个是申请人重点设计的策略。

比如，张三研究了磷对去污能力的影响，正交试验后得出磷的有效含量是25%~35%；李四研究了加磷去污能力增强的机制，试验结果表明，磷附着在去污颗粒表面，增加了去污颗粒表面对油污颗粒的吸附能力；王五对去污颗粒表面的研究表明，去污颗粒表面吸附能力取决于其与油污颗粒表面的亲和度，也就是润湿性，磷覆盖了去污颗粒表面，形成了一层磷膜，磷膜与油污颗粒表面的润湿性显著高于去污颗粒表面与油污表面的润湿性，所以去污能力增强。

（1）这样的写法，不仅在形式上层层递进，内容上更是显示出研究的脉络，逐渐接近去污能力的本质：加磷改变了去污颗粒表面与油污粒子表面的润湿性。这就是一个科学问题。

如果每句之间的内容没有层层递进，那么在气势上就会弱许多。有些申请书立项依据中每句话的内容虽然不一样，但是关系是平行的，或者稍有不同，从逻辑关系上来讲，每句话之间其实并没有任何上下承接的关系。

（2）申请人到底想要干什么呢？肯定是接着润湿性问题继续展开阐述。由此说明，去污粉的去污能力主要取决于去污颗粒表面和油污表面的润湿性，不同的添加元素对去污能力的影响其实质就是改善去污颗粒表面和油污颗粒表面的润湿性。接下来可以这样写：Tom 在去污粉里加入了硫，Kim 则加入了烟灰，Jimi 加入了鸟粪，都不同程度地增加了去污粉的去污能力。或者这样写：很多研究者［Tom，Kim，Jimi］研究了硫、烟灰、鸟粪等添加元素，不同程度地增加了去污粉的去污能力。硫和磷都对环境有污染，鸟粪气味不好，烟灰价格比较低廉，烟灰的获得比较困难，但是烟灰的主要成分是碳酸钾。Jimi 的进一步研究表明，碱金属碳酸盐对去污颗粒表面润湿性都有不同程度的改善。因此申请人准备考察碳酸锂和碳酸钠对去污颗粒表面润湿性的影响，研究其对界面润湿性的影响规律。这就是第一个研究内容的提出。

（3）深入阐述，引出第二个研究内容。小花的研究表明液体的酸碱度也对去污能力有影响；小芳的研究表明油污颗粒更耐酸；小娟指出油污颗粒耐酸或耐碱的实质是酸碱度改变了油污颗粒表面的致密度，不管是酸还是碱，只要使油污颗粒表面的致密度降低，就能增加油污颗粒表面与去污颗粒表面的润湿性。所以申请人认为需要考察酸碱度对油污颗粒表面致密度的影响，这是另一个研究内容的提出。

（4）接下来就自然而然地提出申请书的另一个重要的部分——研究内容。首先是成分配比，其次是添加元素对颗粒表面润湿性的影响，然后考察酸碱度对油污颗粒表面致密性的影响规律，最后考虑添加元素和酸碱度交互影响，这是第三个研究内容的提出。

对于一个青年科学基金项目来说，三个研究内容足矣。

这样从逻辑上是比较清晰的。而常见的写法是：张三做了磷的影响，李四做了硫的影响，王五做了碱度的影响，小娟做了酸度的影响，由此说明去污能力的影响因素很复杂。综上所述，申请人要进行多影响因子下去污能力的优化研究，通过有限元分析（FEM）和第一性原理分别计算去污的分子动力学，了解和掌握去污能力的机理及影响规律。

众所周知，任何模拟研究只是研究的手段，不是科学问题。有些申请人把手段当成科学问题，研究结果就是机理或者机制，只要做了模拟就是理论研究，这当然是不行的。

3.2 立项依据撰写的步骤

在基金申请书的撰写过程中，任何一个小问题都有可能成为继续写下去的阻碍。通常的做法有三种：

（1）急行军，任何问题先放下，以完成初稿为目标，之后再逐个解决问题。

（2）遇到阻碍，见一个解决一个，申请书杀青了，所有问题就都解决了。

（3）放之任之，试试水，这次不行，期待来年。

对于第（1）种情况，虽然有很多问题存在，但是先把初稿写好，这个初稿就是一块璞玉，后面的修改就是把璞玉变成美玉的过程，因此后期的修改工作很重要。对于第（2）种情况，前期工作很重要，需要提前做好信息搜集，越写越有信心。对于第（3）种情况，基金申请很难，不是一蹴而就的，不妨多尝试，次数多了，逐年积累，在自然科学基金申请书撰写方面也就有了丰富的经验。

撰写立项依据的第一步：从"颜值"入手，让函评专家"一见钟情"。排版精美，图文并茂，如果立项依据从头到尾全是文字，对于很专业又极难理解的问题，容易产生阅读疲劳。

通常来说，文字的表现力不如表格，表格的表达效果不如图。因此在阐述高深、枯燥的研究问题时给出图表，帮助函评专家阅读和理解。图的要求自然是精美，不管是截图还是自己制作，符合一般的审美要求，清晰度、线条的粗细、颜色的搭配、图中文字的字体字号，务必做到和谐。全文中的图大小尺寸要统一，即便做不到，至少同一页图的尺寸要做到统一。阐述图表的文字和图表最好在同一页，避免评审时在不同的页面来回翻阅，图题和图不能分家（必须调整在同一页）。

撰写立项依据的第二步：不能让人有上当受骗的感觉。"颜值"之后，还得有气质、有内涵，避免给人一肚子糟糠的感觉。这也是最难的。经常有申请人反映"函评专家不懂我，提出的很多问题申请书里都有，是函评专家没仔细看"。申请书里的每一句话，每一个标点符号都有其使命，使命是什么？就是为了引出问题，引出自己想干什么，引出科学问题，引出由科学问题设置的研究内容，做完研究内容，研究目标也就实现了。

撰写立项依据的第三步：分析难度在哪里，说明这个项目不是谁都能干的，要解决这个问题非我莫属。得亮出自己的研究基础，要解决这个难题舍我其谁？在这个过程中，立项依据很难写，是更高层次的文献综述。从这点来看，很多人博士论文的第一章绪论或者引言是不合格的。当然，把立项依据当作博士论文第一章绪论来写的大有人在。

为此，一定要注意语言表达的逻辑性、条理性，这是立项依据撰写的关键。研究背景和研究意义几行字就能说清楚，函评专家能看明白，不用古今中外，冗言赘述，说多了耽误专家的时间。每个学科都有其共性的科学问题，自己想做其中的哪几个，就把这几个问题的重要性说出来（一两句话），例如某某某都做了什么（CNS 的文献或知名教授的文章），说明这些研究是解决这个问题的关键。要做的几个研究根据重要性和研究进程依次列出、逐个展开。要注意和自己的前期研究联系起来，选一两个问题阐述后，再说明申请人以往在某方面的研究结果的支撑作用，一两句话即可，最好附图为证。

谈到 3~5 个关键点之后，立项依据该收尾了。最后一段通常会写：在前期研究基础上，本项目拟以什么为对象，进行什么研究。科学问题和研究内容皆出自立项依据，自己要做什么研究，在依据里提前做好铺垫，不然很突兀。如此写法，很容易一气呵成，根本不用花半年甚至几年进行修改。

撰写立项依据的第四步：立项依据是重中之重，再怎么精雕细琢都不为过。不能有错别字，不能有语句不通顺之处，更不能有歧义，否则影响函评专家的顺利阅读，不利于专家快速把握申请人的思路和想法。申请书中当然不能出现原理或者概念性错误，一个错误会毁了整个申请书，基本概念都错了，能做出什么好的研究呢？

3.3　科学问题从哪里来？

很多年轻申请人反映，看了函评意见，都不知道从哪里入手修改了。每年都在改，每年的评语都差不多，改得自己越来越没有信心，有些函评意见甚至都不如以前的好。

其实，大多数情况是申请书没有明显的缺陷，也没有特别吸引人的地方，也就是缺少让函评专家眼前一亮的感觉。究其原因，估计是没有说清楚；或者即使说清楚了，也没有突出亮点；即使说出自己的特色，还有可能是整体水平不高，所以在函评专家拿到的一组申请书中就显得很普通，最多给个 B。要想拿到 A 和优先资助，得下大力气思考、修改。

对分类评审，很多人搞不清楚自己的研究工作到底是属于哪一类。记得前两年，有几个学科刚开始搞科学问题属性试点的时候，以生命科学部2020 年的面上资助数据为例， I 类的资助率为 9.50%，确实很低，Ⅲ类的资助率才 17.43%，见第 2 章表 2-6。自己的研究到底属于哪一种科学属性完全取决于研究的对象和内容，而不是哪一种属性资助率高就选择哪一种。如果申请人自己都搞不清的话，那么对申请书里涉及的问题就是认识不清的。不能把握好申请书的科学问题，何谈创新呢？即便是发表了很好的论文，有很好的研究基础和平台，估计也很难获得函评专家的认可。

对于科学问题的把握，或者阐述其创新性，是申请书的灵魂，这是让很多申请人都头疼的问题，也是写来写去都无法满意的纠结点。很多年轻学者寄希望于自己的导师、师兄弟、同事或者朋友，个人认为这种作用是有限的。其他人提供参考意见只能是在字句上、结构上和通常需要注意的普适性问题上，指出一些申请人可能没有注意的地方；而对于科学问题和创新性方面，估计很难有建设性的意见和建议。有时候别人提的一些问题，让申请人都想要放弃当年的申请，甚至产生绝望的心理。

对于科学问题的把握只能自己体会。一般把科学问题写在申请书中，让函评专家能在字里行间感受到、捕捉到。这么说是不是觉得很难？确实很难，但是也不是无迹可寻。

科学问题从哪里来？从申请人掌握的自己所在研究领域雄厚的理论基

础知识中来。雄厚的理论基础知识从哪里来？从自己所在专业的专业基础课和专业课中来。我们的科研训练历来重视文献调研，经常让研究生多看文献，很多导师甚至学长介绍经验时说：创意从哪里来？从文献中来。有些期刊论文写得确实好，把研究的脉络写得鞭辟入里、深入浅出，有框架、有细节，读起来确实让读者很容易进入学术前沿。但是也有写得不好的论文，东一榔头西一棒子的，不会对读者的研究有益。从文献中得到的灵感可能大部分是验证性的跟风科研，追逐热点对发文章有些好处，但那只是帮人家完善、修补观点，进一步做了验证而已。如果要做原创性的研究，只看文献可能就行不通了，还是得从掌握雄厚的理论基础开始，在此基础上才能有所作为。

下面通过实例来说明为什么要掌握雄厚的理论基础。大家知道卢柯院士是发 *Science* 论文的专业户，为什么卢院士就能不断地有新的创意出来？如果大家有机会听卢院士的报告，就会有启发。感兴趣的读者可以在互联网上搜搜看。这里要说明的是几篇与 *Science* 有关的论文是如何获得思路的。

（1）对于纯铜来说，纯度高、电导率高，但是强度低，要想提高强度，又不影响电导率，比较困难。教科书里讲的合金化、热处理、过剩相强化都不行，卢院士做报告的时候说，那就考察一下所有的强化方式，看还有哪些是之前没有人注意到的，最后就发现了孪晶强化还没有被大家注意。大家都知道孪晶强化会提高强度，但是会导致材料很脆，一碰就裂，没有办法加工。但是孪晶强化如何影响电导率还没有研究，于是灵光乍现，认为可以试试。如何获得孪晶铜？这个时候就考验试验设计能力了，最后选择以电镀的形式获得孪晶铜，最终结果是电导率确实很高，而且强度也高。

（2）卢院士在新加坡访问期间，突然产生了一个想法：大家都认为金属材料的熔化都是从晶界开始的，那如果金属快速过热，就是瞬间超过熔点的情况，会是什么样的结果呢？据说，卢院士找合作伙伴先用计算机模拟了一下，发现熔化是从晶内开始的。于是他很快就结束访问，回来后安排课题组进行调研，从能查得到的研究熔点的最早的论文开始，到他产生想法的那年，查阅了近100年发表的文献。然后进行了试验设计，制定了详细的试验方案，后来的结果大家都知道。

（3）纳米材料有奇异性能，但是大家制备的纳米材料的塑性很低，不如一般的金属材料。卢院士就选择铜作为研究对象，获得纳米铜，很好地展示了纳米铜的超塑性。据把该研究作为博士论文工作的女博士讲，每天一到实验室就操作手工轧机，轧了4年多，终于成功了。

（4）纳米材料的一个致命缺点就是如何应用，想做结构材料至少现在还不现实，最多可以制备纳米线材。从事材料加工的研究者都知道，现在 *Science* 和 *Nature* 上流行的纳米材料是不能焊接的，一焊所有的纳米结构就烧没了。卢院士说，总得给这个方向的材料找一个应用的地方，如果不能得到大块的纳米材料，那就先在碳钢的表面做纳米化吧。同样做了4年的博士没有丝毫进展。最后卢院士总结说，表面纳米化后，能使热处理的温度降低200~300℃，这可是不得了的事情。热处理温度降低，代表着节省水电、降低污染，是绿色制造，*Science* 对此情有独钟。

（5）对于金属制品来说，服役一定的年限以后要报废。对于废金属，要进行分拣、分类，否则重新熔炼制备新的金属材料时化学成分很难控制。卢院士提出素化材料，即不通过合金化的方式提高材料的强度。那用什么方法提高强度呢？金属一般是晶体，晶体是金属原子周期性排列构成的，在排列时会有一些意外，比如某个节点处缺少了原子，或者是原子之间多了个原子，或整列或整排缺失，就有位错了。金属原子排列时一部分相对于另一部分有不同的位向，于是有了晶界。出现了这些晶体缺陷的话，晶体的畸变度增加，强度增加。不添加合金元素，而是给金属材料制造晶体缺陷，通过热处理、形变、电镀、快热、快冷等措施获得金属材料的晶体缺陷，从而大幅度提高其强度，这就是金属材料的素化思想。

以上只是给大家举例，各个专业方向肯定有自己的专业基础课和专业课，科学问题其实就隐藏在里面，等着申请人挖掘和利用。

卢柯院士的报告，稍微有点金属原子排列知识的人都能听明白，对于专家教授来说，听后感觉热血沸腾，还可以这样做研究！这就是很多知名教授介绍基金申请经验时说的：让小同行感觉有深度，让大同行能清楚我们要做什么。在此建议年轻学者们，经典的专业教材常备，没事就多翻翻，科学问题不愁把握不住。

3.4　创新其实很简单

继续上节的话题，很多年轻的学者觉得创新很难，其实在大多数情况下，创新性的工作离不开现有的工作，是经过无数学者修补和完善的一些原理和概念。这里举一个例子，这几年 3D 打印的研究一直很热，但是其中的应力、裂纹和气孔等缺陷还没有彻底解决。中南大学杨海林博士在 JMST 发表了《增材制造高强度铝合金的微观组织和力学性能》（2021年 5 月 2 日在线）一文。众所周知，铝合金导热快，流动性差，容易出气孔、热裂纹等缺陷，尤其是激光选区熔覆。有共晶知识的读者都知道，提高流动性，缩小液相线和固相线之间的距离（固液区间温度，或者叫糊状区）可增加流动性，让气孔有充足的时间逃逸，一旦液态膜被拉开，马上就有剩余的液相补充（流动性好才可以），这样就显著改善了抗热裂性。这是学材料加工原理时学过的基本知识点。杨海林博士这篇文章的出发点就是基于这个原理而进行的试验设计，试验的结果也很好。相信很多做 3D 打印研究的学者看了之后都会觉得想法巧妙。这就是很多论文同行评议里的一句评语：创意很有趣，结果很有意思。由这个案例进一步说明，材料加工领域的基础研究还应从最基本的原理出发，做一些有意思的工作。

由此可知，创新其实并不难，这需要研究者对专业课和专业基础课包含的知识点很熟悉，讲起来如数家珍，应用时才能信手拈来、妙手偶成。所以只有掌握了雄厚的基础理论知识，才能有创新的源泉，否则很容易跟热点，打一枪换一个方向，没有系统的研究工作，更谈不上在某一点上深耕，形成自己的学术思想和研究体系。

有些年轻的学者，在撰写立项依据时没有把要解决的问题弄清楚，研究背景介绍里经常是古今中外、天马行空地叙述。即使研究的问题有很大的需求，是难题，但是没有把这个难题分解为一般的原理和基础知识，就很难讲清楚，所以就会越写越多，而且写得越多，越偏离主题，让函评专家看得云里雾里，不明白申请人到底想要做什么。

把问题说清楚后，接下来就是试验设计了。基础研究有时候并不需要设计很高大上、很复杂的试验，巧妙地设计试验尤为关键，上节和本节的案例中的试验设计都很巧妙。至于试验过程和结果，那就是验证前面的问题（假设）。对于提出的问题进行了分析，设计了试验，得到了试验结果和数据，是否验证了假设，这样进行层层阐述，就比较清晰、完整。

不掌握基础理论知识，一般很难走得远。缺少具有从基础理论出发经过思考发现问题的过程，就不能巧妙地设计试验，从而很难对科研产生兴趣，更难于树立为学术和科研奋斗终生的理想。

3.5 创新的几种方式

函评意见中有时会有"创新性不足"的评语。对于"创新"这个词领会起来比较困难，比如，我们通常把创新理解为"原来没有的"

"原始的""在全世界都没有的"。但是什么是"没有的"？高铁原来没有吗？互联网和特高压呢？放眼望去，到底什么才是完全诞生在自己的实验室里的？其实所谓创新，可以分为对象的创新、方法的创新和应用的创新。

1. 对象的创新

也许函评专家说的创新就是对象创新，比如第一个提出计算机的概念并制造出来，第一个提出 C 语言并付诸实现，第一个提出饺子的概念并包出饺子，而且大家觉得味道还不错。这就是创新，但是比较难。那怎么办呢？

仍然以饺子为例。把面发酵后再包，并把饺子的长形换为圆形，此时称作"包子"，这就是对象的创新，其形状、烹饪方法及服务对象均有所不同；包子是创新，馄饨就不是吗？当然也是。通常情况下，对象的创新最容易打动人，不管这个"饺子"是否有营养。

2. 方法的创新

方法的创新从学术和科学的角度来看，非常有必要，也更需要多学科，尤其是基础学科的功底。比如，你用有限元分析电机内电磁场，我用边界元、体分法分析，但这是 20 世纪 60~80 年代的风气，现在一提到方法，费用都很巨大。

仍以包饺子为例，你用双手套饺子皮，一次一个，我大姑可以一次套五个，算创新么？你双手，我单手可以吗？你用手套皮，我用擀面杖，算不算创新？记得有人曾经讲过，"用手工做出一个电视机这样的事情，即使有创新性也未必行。"理解了么？还是应该以问题为导向，新的方法一定要更好地解决问题而不是仅仅为了创新而创新。

3. 应用的创新

这其实是一个"嫁接"式方法，在 2000 年之前屡试不爽。只要是数学上出来一个新的工具，各主流学科，尤其是工科，立即生搬硬套进来，深得学界赏识，比如曾经的小波分析，大家可能都记忆犹新。后来大家都知道小波的命运了吧。因此如果能有其他更好的创新性思路，建议不要走这条创新之路。

3.6 如何打动函评专家？

如果在熙熙攘攘的大街上、火车站、地铁口，甚至打开家门，看到一张陌生的面孔，不管他以何种委婉的语气，和蔼可亲的笑容，问我们要不要购买保险，我们的第一反应是马上启动心理防御模式，以各种理由打断对方的话头，果断予以拒绝，并且会迅速离开或者关门。

做一个角色互换，在知道和了解了被陌生人推销保险时自己内心的想法后，如果自己是保险推销员，那该怎么做呢？

有人说，做得了一线的保险推销员，天下间基本没有做不了的事情。

申请基金比推销保险容易多了，很少碰见毫不客气的拒绝，相反，即使是不建议资助，语气也比较温和，运气好的话，还能得到三言两语的指导，对进一步提升申请书的水平大有帮助。

不管是推销还是申请项目，道理都是一样的。保险推销员上岗前会有培训，那写基金申请书有没有培训？大多数申请人是没有经过专业的培训的。

最近做过一个调查，问大家是否愿意参加基金申请书撰写培训，几乎都愿意；如果收费还是否愿意参加？很多人就选择不参加。这里建议大家有条件的话，积极参加一些培训、单位组织的基金动员会或讲座，认真听专家的介绍，用心思考并付诸实践。参加学习可以提升自身能力，不须花几年的时间去自己摸索，能在短时间内让自己在该阶段有信心、有把握，并且最终能拿到基金项目，从而先人一步、胜人一筹。拿到人才项目，组建自己的团队，开展自己的研究工作，实现自己的学术与科研梦。

当我们每次看到触动和冲击自己灵魂，激发自己高尚情操的文章时，是不是想要给作者点赞、点亮或者转发以资鼓励呢？但是真正付诸行动的，几万人里也就两只手都能数得过来，这个比例其实也就是"戴帽子"（各种人才项目）的比例。

把自己的想法和理念以最快的速度推销给别人，而且没有丝毫的违和感；在交往中让对方不尴尬、不为难，如果能做到这个，那就有让函评专家看到申请书的第一眼就眼前一亮的信心，即使不能马上打动专家，申请书中设计的"情节"也会持续引起专家的共鸣，这样所申请的项目才有戏。

3.7 评审和申请"半斤八两"

去年还火急火燎地问东问西，焦虑自己提炼的科学问题是否能入专家的法眼，翌年就从申请人的身份转变为评审人。从这个角度来说，申请人和评审人谁也不比谁高或者低，也就是常说的，大家都"半斤八两"。

一般在申请自然科学基金时，要提醒年轻申请人注意：同行里知名教授的文章要引用，国内的文献不能少等。其实国内和国外的文献都不能少，免得被认为不了解国内外研究现状。还有就是申请书中存在标点符号问题（态度不端正）、"师从"问题（扯虎皮拉大旗）、研究年限写错（形式审查不能通过）、拉人组团（临时组队，被发现参与人研究方向与项目研究内容不符）等；有时候申请人自己都弄不明白、提炼不出来的科学问题，让评审专家总结，确实有些勉为其难。这些问题往往会让人认为有些内容还需要继续打磨，等来年再来吧。

有的人说多看文献就能得出自己的创新性研究，但这是个大海捞针的方法。有的人容易人云亦云，跟风研究，大多数是对点子修修补补，很难产生创新性强的火花。

基于以上两点寻找科学问题和创新性研究的方法，个人建议先找问题，通过对问题的分析找到创新性研究。比如如何解决癌症问题，根据自己专业方向的基础知识和自己研究的经验积累，想从哪些方面入手，然后从中选择一二，这样的话就不存在跟风，也不会囿于现有的文献而走不出来。

如果大家习惯于从文献中找研究，可以试试上述的从问题中找研究的方法，说不定能柳暗花明。

3.8　如何打磨申请书？

科研是什么？就是针对某个对象进行科学研究。学科不同，科学研究的问题不同，研究者自身造诣有差异，对问题认识的深度和广度自然不一样。研究者需要通过不同的途径提升自身修为，最基础的提升来自导师、同窗；工作后来自课题组 PI、同事；如果有家了，还有可能来自配偶、孩子。

有时候为了把一件事情说清楚，就讲给自己爱人和孩子听，连他们都能明白，说明火候可以了。让外行能明白，让专家觉得有货，就有点意思了。申请书不总是有幸送到小同行的手里，很多情况下是送给大同行评审，建议行文遣词不要用艰涩、难以理解的专业词汇，从而避免大同行阅读时磕磕绊绊，影响对申请人学术思想的顺畅理解。要达到这个境界，没有一定的专业水平和表达能力是做不到的。

不管是口头交流，还是书面交流，没有逻辑性，条理不清晰，是很难让人相信将要从事研究项目的重要性和迫切性的。

有人说科研人员得学点儿美学和逻辑学，这是有一定道理的。立志科研、立德树人，是一件很高尚、很了不起的职业信仰。如果缺少鉴赏力，就体验不到职业的乐趣，更不用提职业的幸福感。

要是为了修改文章而废寝忘食，为了一个标点符号、一个词的选择，反复推敲后终于确定而喜悦，说明进入佳境，这种感觉是一种难得的体验，却又无处不在。比如，集中注意力、心无旁骛地备课、写作、阅读、准备晚餐、带孩子、健步走，甚至在卡拉 OK 厅里"歇斯底里"地唱歌等。

在写申请书的日子里，大家在匆匆忙忙的节奏中忽略了工作的意义、忽略了生活的意义、忽略了学习的意义。哪怕就是吃饭也是匆匆忙忙，不会从色香味的角度去品尝和体验美食带给我们视觉、味觉和嗅觉上的享受；睡觉也睡得不踏实，没有质量，更不用提睡眠之前审视和反思一天的得失。经常是灯火阑珊，还在写申请书；夜深人静了，还在改申请书。工作和生活没有分界。只要申请书能获批，也就对得起自己"三更灯火五更鸡"，上对得起父母（几乎每年春节写申请书没时间回家看望），下对得起妻儿。

对于立项依据的逻辑性，如何做到行云流水、水到渠成？在 3.1 节里已经有过阐述，这里只是举几个例子说明在撰写申请书的过程中存在的逻辑问题，根据示例可以检查申请书是否已臻化境。

（1）该方面的研究未见报道（尚属空白），由此推论申请人要做这个研究。这种由此及彼的逻辑关系不成立（通常是缺少连接，或者应该给予足够的阐述），很有可能不值得研究，没有任何意义等。

（2）大家都在做：张三做了什么，李四做了什么，因此申请人要来研究。这个逻辑关系是不成立的。由其他人的工作来说明研究这个问题的重要性，这个逻辑推理是成立的，以此来为后面提出的研究内容做铺垫才是撰写的关键。

（3）机理的研究、影响规律的研究是本项目的科学问题。机理和影响规律等于科学问题的逻辑关系不成立。比如成分、组织、工艺和性能，研究成分对组织和性能的影响规律，组织晶粒的大小和比例对性能的影响规律，这些都不是科学问题。相反，某个组分的加入促进或抑制了某种相的形成，在形成这种相的过程中，组分改变了位向关系，改变了晶体结构，这就是一个典型的科学问题。因为非一般测试设备能做的，所以很多创新性的研究借助于模拟计算验证假设。科学问题大多来自于教科书中的最基本的原理和假设（请参考 3.3 节和 3.4 节）。

（4）论文即研究基础。很多申请人发表高影响力期刊、高引用率和高影响因子论文若干篇，认为这就是研究基础，甚至以此代表项目的可行性，因此认为必须获得资助。尽管获批的可能性较大，但是这个逻辑关系是不成立的。大家可以挑战一下自己的思维进行讨论。

互联网上或者同事、同行之间的一些常见语录的逻辑也不成立，举例如下：

（1）赵六这样做了，我为什么就不行（特例，漏网之鱼推论出普遍规律）？这种最常见。

（2）我看过隔壁老王的申请书，写得还不如我呢（眼里只有别人的缺点型的认知）。有时候要感谢某些专家，把申请人发的所有论文看了一遍，才弄明白了申请人到底想干什么，给申请人的函评分很高，当然这是很少见的评审特例。

（3）我是"三无"，不能获批是正常的。这是把"三无"作为不能获批的"替罪羊"，没有思考真正的原因。

站在不同的高度，对"已臻化境"的认知不一样。在自己的眼里高大上，在他人的眼里可不一定。

说了这么多，那到底怎样提高自己的撰写水平呢？

多看领域内知名教授的综述，多看领域内知名课题组的最新成果，如果能引起共鸣，说明自己逐渐接近领域最高水平，如果觉得通过努力、加油，自己也能做到，那就说明已经走在成为知名教授的路上了。

通常情况下，申请书一旦提交，就赶快进入新一轮的学术和科研积累，有时候要想提升，看文献不如多和 PI 交流，多和导师交流，这是最快的途径。

第 4 章 申请书中的参考文献

4.1 参考文献的作用

撰写申请书时，通常要求前后呼应、一脉相承，要说的每一句话和要做的每件事情都得有出处。比如：想要做什么，就得在立项依据中说明做这件事的重要性，而不是某某做了什么；要做某个研究，就得在立项依据中说，某某做了这方面的研究，但还是没有解决某些模糊的认识，申请人要继续深入，或者前人没有做这方面的研究，因此导致大家对这个机理不清楚，所以在研究内容中要做这个事情。做这个事情的关键技术是什么（这里的关键技术不是科学问题，比如石墨烯的平面结构如何获得就是一个技术问题），做了后会解决什么关键科学问题。对于可行性分析和研究基础，有的年轻学者自以为写得很好，其实犯了很严重的认知问题，自己把自己感动了，却没有感动到函评专家。这里要讲依托单位在该领域的研究成果（最好是自己、课题组或者是参与人的研究结果），而不是依托单位多么厉害，单位拥有什么硬件、软件、平台、知名教授等。研究基础指的是自己在该领域曾经做过什么研究，比如与之有关的论文、专利以及和本项目相关的前期研究结果，最后是年度计划和预期结果。这样申请书才能行云流水、浑然天成，让大同行能看明白，让小同行佩服得五体投地。

现在看研究论文，大多数情况下可以不看国内学者的英文 SCI 文章。那怎么了解动态？看该作者的学位论文，那是经过严格审查的，基本没有错误，而且有清晰的研究脉络。研究脉络在学位论文和申请书中都很重要。通常如果有人在学位论文或申请书中写到某某提出了什么，某某做了什么，一看就知道对研究溯源不清楚，就没有看下去的必要了。溯源能找到问题的根源，能找到研究的意义，能发现科学问题。举个简单的例子，前些年某研究突然大热，就在 WOS（Web of *Science*）搜了一下文献。最早是印度某位学者 20 世纪 50 年代在某篇期刊论文上提出，近 10 年后，有美国学者在某次国际会议上发表了该内容的文章，时间是 20 世纪 60 年代末，然后几乎有 30 年的空白期，直到 2000 年前后进入该内容研究论文发表的井喷期，而且一直维持了约 15 年之久。原因其实很简单，很多国家发现这个研究在尖端武器方面具有很大的应用前景，所以就没有公开发表的论文了；大约在 20 世纪 90 年代中后期，在得知该技术已经应用于先进武器上的消息之后，很多学者迎头猛上进行攻关，研究结果纷纷发表，从而在该方面创造了一个研究热点，这就是该研究为什么大热的研究脉络。

以上说明什么问题？参考文献的阅读，不是来者不拒，不是什么文献都要读、都要列上，而是要搞清楚某个研究问题的研究脉络，通过参考文献的搜集与整理，把握住参考文献的作用，而不是罗列张三做了什么，李四做了什么。对于领域内的知名教授来说，国内外同行在自己的研究方向上做了哪些研究，研究的进展如何，可以说如数家珍，这要归功于人家十几年、几十年如一日的积累。有时候年轻学者在写申请书时存在一个误区：认为文献调研就是利用网上的电子资源，搜索研究方向上国内外发表的最新的文章，了解动态。其实不然，这只是文献调研的一部分，还有一部分应该是了解形成最新文献的课题组在该问题上的研究脉络和该课题组 PI 的学术思想，在申请书的立项依据里反映出对该学者的学术贡献的认可。只有这样，无论是遇到大同行还是遇到小同行，才能引起共鸣。另外，如果只了解国外同行，不提国内同行，或者对国内同行的工作蜻蜓点水地一笔带过，也可能会有点儿问题。仅就评审而言，是要获得国内专家的认可，而不是获得国外专家的认可。

4.2　参考文献的选择和数量

参考文献的选择需要考虑文献的重要性、时间性、相关性以及社会性。

4.2.1　重要性

重要的文献要有，但可以排除一些跟风研究热点的文献。越是重要的文献，其发表的刊物在研究领域里的影响力就越大，其后发表的文献基本上是在此文献的基础上展开研究的。申请人可以根据该重要文献另辟蹊径，也可以根据自己的思路继续深入研究。需要说明的是，切忌去验证或者重复他人的研究。在这方面是有失败的先例的，有些申请人可能因某种原因，没有接触到某篇重要的、有分水岭意义的文献，被函评专家指出已有相关研究，并且还附上了文献的信息。当然也有可能是申请人故意不提该参考文献。所以如果要针对某个问题进行研究，调研的时候尽量要找最开始提出该问题的文献，并对该文献通讯作者的后续研究进展予以关注。然后对跟进该研究的其他学者的研究工作要熟悉，避免漏掉重要进展而导致重复研究。

这里顺便提一句，文献必须要自己阅读，不能是从其他文献的引用中引用或者知道，也就是说，要养成阅读原文献的习惯。在评审硕士论文和博士论文时，经常会发现，学位论文申请人并未阅读过原文献，因为通过原文献可知，人家的研究结果和分析与被引用的部分并不相同，只是引用了另外一篇文献前言部分涉及的内容。这种情况可以说是间接引用，也可以说是为了凑数加入了该文献。如果是一般文献可能问题不大，但如果是重要文献，这么做就是不恰当的引用了。做科研要态度端正、实事求是。

4.2.2 时间性

对文献的时间性，要根据研究课题的性质来定。不能一概认为文献至少是 3~5 年之内，否则反映不出研究动态来。任何事情不能绝对，一旦绝对起来未免失之偏颇。比如，有些问题是千古谜题，难度极大，当下对该问题的认识和当下的技术水平暂时无法对其开展有效的研究，也就没有明显的突破，因而学者们会暂时将该问题束之高阁、静待时机。如果申请人针对该问题有了新的想法，欲破冰求解，那么引用的文献肯定会比较久远，如果要求其找到近 3~5 年的文献显然不合适。相反，如果对一个问题的研究早已日新月异，申请人不去补充最新的参考文献是不可以的。比如，在一份申请书中，所引用某位作者的文章达 3 篇之多，这位作者博士毕业之后早已经脱离学术圈，所做的研究在当时（15 年之前）尚算是前沿，但是到了申请人申请的时候，里面涉及的内容已经普遍为大家所熟知，而申请人的研究深度还未超出当时的水平。仔细分析该份申请书的参考文献，最新的参考文献也是三四年之前的。于是得出的结论是：该申请书应该是其他申请人多次申请未中后放弃申请，遂将该申请书转给现在的申请人，而现在的申请人也未补充相应新的参考文献。

对于参考文献一定要有所考虑和取舍，不是说所有看过的文献都要列到立项依据之后。根据申请书中科学问题和研究内容跟踪溯源，需要列一些表明背景来源的文献，然后选择一些能说明研究进展的文献用以支持自己的研究，最新的文献表明该问题仍旧未解决，还需要进一步研究。这样的话文献的时间性就表达出来了，远、中、近都有，如果再加上反映自己的或者课题组的研究文献则更好。

4.2.3　相关性

刚接触自然科学基金申请的年轻学者，还没有从学位论文的撰写中完全脱离出来，写起自然科学基金申请书的立项依据来，古今中外、洋洋洒洒，写了好几万字，感觉还意犹未尽。所以总有年轻学者问，申请书模板上写明建议 8000 字以下，自己写了 20 页了，不知是否可行？虽然申请书模板上建议 8000 字以下，但不是强制性的，可以少也可以多，哪怕写 100 页都没有什么问题。写多少和学科有关，有的学科的申请书不写到 40 多页，通常是说不清楚问题的；而有的学科没有必要写那么多页，写得多了专家没时间仔细阅读，尤其是条理不清晰、逻辑关系不明的，字数越多，得分越低，最好是言简意赅，说清楚问题即可。

由上述分析可知，不管是哪个学科，其实要求是一样的，就是要说清楚问题才是关键。对于参考文献来说，要紧紧围绕自己的科学问题和研究内容来进行取舍。

（1）相关性不大的外围的参考文献、常识性的参考文献，谨慎列入参考文献列表里。

（2）一些影响力特别低的期刊论文果断舍弃。这些论文的读者可能主要是产业工人，甚至有些是企业里工程技术人员因评职称需要而发表的论文，学术性不是很高。如果觉得这些文献很重要，函评专家可能要怀疑申请人的学术鉴赏力和眼光了。比如，有一份申请书引用了一篇论文，其中有一句话说某某是第一个提出某个科学问题的学者。而评审专家很清楚这个问题是 20 世纪 50 年代德国一位学者提出的，现在 21 世纪都过去 20 年了，把这个帽子戴在中国这位名不见经传的学者头上肯定是不对的。更有甚者，有些申请书的立项依据中的某段话是直接复制互联网上的一段文字，用百度就能查到是一篇东拼西凑的博文。此类参考文献简直就是申请书的直接杀手，一定要避免。

（3）对于一些领域内口碑不好的期刊上发表的论文、国内外低水平学术会议论文集中的论文，建议在文献调研的时候不要去看，更不要去引用；最后，对于造假还没有来得及撤稿的期刊论文千万不要去引用。

（4）切忌不要给专家扫盲。有一份申请书，立项依据中的每一段都有差不多 4~7 篇参考文献，其中一段的最后一句写道："从以上可知，增加冷却速度，能减少凝固组织中二次枝晶间距，还能避免金属间化合物的析出"。这是材料专业本科生都知道的常识，引用了那么多参考文献，还不如直接说出来，不用引用任何人的文章。申请书中一不要给专家上扫盲课，二不是说参考文献列得越多就越好。

4.2.4 社会性

对于引用文献的社会性，有时候可能算是一种投机，用得好了会给申请书加分，用得不好可能还会被减分。比如，有些年轻学者在引用参考文献时，全是英文，很容易给人留下不了解国内研究动态的印象；相反，所引用的参考文献全是中文的话也不行，让人感觉不了解国外研究动态。因此在列参考文献时，国内、国外的文献都得有，尤其是国内做得比较好的知名教授和课题组的文献必须有，如此起码在表面上反映出申请人确实是了解国内外研究动态的。在撰写立项依据时，对参考文献的评述要客观，尊重事实，切忌全盘否定，更不能言过其实地赞扬。在青年科学基金项目申请书中经常遇到该类问题，比如，对某一个问题的研究，罗列了国内外知名教授和课题组的研究结果，每一个后面都说取得了很好的结果，得到了领域内同行的好评。既然这么多学者都做了，而且做得这么好，还需要申请人做什么呢？对参考文献的研究结果质疑或者否定，即使是合理的，措辞也要谨慎，否则容易引起阅读时的不适，让人误会是为了突出申请项目的重要性而故意贬低他人的研究工作。如果是不合理的质疑和否定，就更不用说了，直接会影响申请书的打分，更为尴尬的是遇到的函评专家恰恰就是该作者。

有些申请人犹豫要不要全部列出参考文献的作者，个人意见是全部列出，而且要给出全部的文献信息。既然洋洋洒洒写了一两万字的立项依据，就不要嫌麻烦，把引用的参考文献的所有信息都给出来比较好。有些很认真的函评专家会仔细查阅所列的参考文献，有些虽然不会去查阅这些参考文献，但是会关注这些参考文献说了什么，所以就会看看通讯作者是谁（通讯作者大多数情况下是对文章负全责的、单位固定的知名教授或者导师），大概看一下这些参考文献的题名，就简略知道该作者做了什么研究。有些申请人只给出文献的前三位作者、期刊名、年卷期，其他能省略就省略，这样的话，函评专家很难获得进一步的了解。所以从方便函评专家的角度，最好列全参考文献的所有信息。

4.2.5　参考文献的数量

很多年轻学者总是纠结参考文献列多少比较合适。自然科学基金申请书立项依据的主要作用是抛砖引玉，把自己要做的研究内容和科学问题引出即可，说实话是用不了多少文献的。文无定法，所以没有具体的数量要求，自己觉得合适就行。立项依据之后的参考文献以少而精为宜，通常20~30比较合适。

这里再强调一下，参考文献的数量没有限制，多少合适要看立项背景的文献调研，选择经典文献、前沿文献、知名教授的论文，国内国外都要有。文献要新，能反映出申请人对动态的把握情况；太旧的、学术价值不高的文献切忌使用。当然，为了反映问题的来龙去脉也可以用旧文献，但要尽量引用影响力比较大的期刊论文或领域内知名专家的论文。对一些常识性的问题就不要引用文献了。比如，癌症的研究迫在眉睫，大家都知道，但是这些知名教授研究了什么，怎么研究的，则需要引用文献说明。

4.3　参考文献的格式

每年都有函评专家指出参考文献的格式不正确，对于这样的评议很多申请人不认可。申请书正文模板里并未给出参考文献的格式，大家按照自己习惯的格式录入参考文献能有什么问题？有人认为：参考文献的格式并不影响申请书中研究工作的创新性和对科学问题的表达；再说获批的申请书，参考文献的格式并不都是一样的。这里要说明一点，获批的申请书不是 100% 没有瑕疵，只是瑕疵没有发现或者没被关注而已。比如有的申请人没有填写博士后联系教授的名字导致初审通不过；有的申请人在个人信息中没写联系教授姓名却获批了。对于形式审查来说肯定有"漏网之鱼"，不能拿特例或个例代表一般性，注重参考文献的格式也是这个道理。每年近 30 万份申请书，因此申请书的格式化、规范化就显得尤为重要。比如，每年的申请书正文模板、参与人模板都要求"请勿删除或改动下述提纲标题及括号中的文字"，但是每年都有申请人以自己的审美视角重新设定字体字号。

既然有专家指出参考文献的格式问题，那就看看参考文献的格式在哪里可以找到。

申请人的简历由系统自动生成，其中有两个地方有参考文献：

（1）申请人参与或主持的项目信息。

（2）申请人代表性论著及其他成果。

项目的信息录入有没有格式？有。项目录入信息格式在参与人简历模板里以范例形式给出。参考文献有没有格式？有。参考文献的格式范例一处在参与人简历模板里给出，一处在系统自动导入到申请书里的代表性论著和成果里给出。

参与人简历模板和系统自动导入的代表性论著及其他成果的录入格式，前后是一致的。这就是在同一篇文档里，参考文献的格式前后要统一，否则有失严谨。通常会出现这样的情况：申请人自己的参考文献录入格式和信息前后一致，但是参与人传给申请人的参考文献格式和信息则不同。申请人如果不仔细统一格式和补全信息，转换成 PDF 文件后直接在系统里提交，就会在申请人简介和参与人简介中显示出明显的不一致，有时候可能会杂乱无章。如果出现这样的情况，被专家指出参考文献格式有问题，自然是无话可说的。

90%左右的项目值得做，但是只有 20%左右的申请获批。申请书中任何一个小细节都有可能造成函评专家的不适，从而严重影响申请书在专家心里的印象，比如参考文献格式不对。

参与或负责的项目、代表性论著以及其他成果，就好像卖瓜人把瓜切成一块一块的摆在顾客的面前，如果外观形状尺寸大小都一致，摆得整整齐齐，赏心悦目，一看就很讲究。相反，如果一块块东倒西歪，圆的、方的都有，形状不一、大小不同，看着都违和。在竞争如此激烈的情况下，更认真、更严谨、付出更多的申请人，在同等条件下自然更有优势。

Chapter 5

第 5 章　研究团队

5.1　研究团队的必要性

团队组成怎么算合理？教授、副教授若干，研究生一大堆，是否会让人觉得成员太多？自己没有研究生能否借其他学校的研究生？

团队里的每一位参与人员必须与研究内容密切相关。如果自己缺哪方面的能力，可以找其他人来参与，比如自己不擅长模拟计算，可以找模拟计算的老师参与；对图表分析不在行，可以专门找图表分析水平高的老师来参与。这就是团队的必要性与合理性。如果参与人与研究内容不对应，那就是胡乱安排。以下是关于参与人的问题。

1. 参与人的排名顺序

通常是越重要的参与人排名越靠前，大致是教授、副教授、讲师、初级职称的老师、博士后、博士研究生、硕士研究生。对有些单位（不一定是依托单位）来说，如果申请的项目获批，参与项目的参与人也能算工作量，评职称时也有一定的加分，因此这个排序在某种程度上也比较讲究。具体如何排序？既要考虑项目结构的合理性，也要考虑参与人在单位里的工作量考核及职称评审的加分因素。

2. 经费分配问题

这个问题在第 1 章有所述及，这里做更进一步的解释。由于有参加和主持总计为 2 项的限项政策（2020 年以前限 3 项，2020 年开始限 2 项），名额很宝贵，因此双一流高校的教授和副教授们一般不会同意作为参与人参与其他老师申请的自然科学基金项目，这需要大家互相理解。一般情况下，双一流高校和重点院所的高级职称人员每个人都能申请一两个基金项目，如果参与了他人的自然科学基金项目，一个面上项目就得占用限项名额 4 年，如果限项的名额用完，这 4 年里就不能再申请项目了。一般来说，组队时就要签协议约定，如果申请的项目获批，怎么分经费，或者以报销版面费、评审费、材料费等的形式使用获批的项目经费。有些单位财务制度规定不能直接划拨研究经费。还有一种情况就是，发表相关文章时写上受到某基金项目的资助，就可以按照依托单位的财务制度给参与人转经费；没有成果则不会给经费。必须在财务制度规定的范围内，按事先约定好的，或者是项目获批后协商好的协议（或合同）进行分配，避免出现纠纷。

3. 团队组成

首先要提醒的是从 2020 年开始，青年科学基金项目没有团队组成了，只有申请人自己一个人。因此对于面上项目和地区科学基金项目的团队组成，推荐以下的原则，仅供参考。

（1）人员结构要合理，要既能体现项目的需要，又能体现人才培养，比如有研究生的参与。人才培养也是自然科学基金的一个重要作用。

（2）根据研究内容合理地选择参与人，比如，申请人具备哪些方面的储备或研究基础，要完成的研究内容必须有某某参与人的加盟（要在"可行性分析"和"研究基础"中反映出来），表明参与人的必要性和合理性。

（3）和自己研究方向相近的，发表过相关论文的备选参与人要优先考虑。具体如下：

1）正高职称人员 0~1 位。如果申请人是副高或中级及以下职称，该正高的年龄最好大自己 15 岁以上，用意是培养和提携年轻人，更能体现合理性。高级职称的参与人每年的工作时间填写 2~3 个月为宜，时间再多也会受到质疑。

2）副高职称人员 1~2 位。几位志同道合的老师可以互相参与。

3）中级职称及以下人员 1~2 位。主要是安排做试验的人员，讲师+试验员、技术员或技师等。

4）博士后 0~1 位。如果是自己的博士后，是真正干活的人，可以发劳务费的。

5）研究生是劳务费 90% 以上的使用者。其中博士研究生 0~2 位是研究内容里的两个科学问题的解决者；硕士研究生 0~3 位。如果无博士研究生，则硕士生可以承担两个科学问题。研究生参加基金项目，如果作为学位论文工作的一部分，则既起到科研培训实战练兵的作用，也是完成申请人基金项目的主要组成部分，包括进一步的文献调研、设计试验、完成试验、总结和分析试验数据（比如理化分析、野外调研、发放问卷、统计分析）等。

这里需要提醒两点：其一，基金委提供的参与人模板里没有本科生，一些没有硕士点的高校比较尴尬，要不就是从有硕士点的单位借研究生（有外单位参与的自然科学基金项目即视为有合作单位）。其二，有些依托单位的申请人邀请有高级职称的人员作为参与人比较困难，通常情况是申请人带自己的几个博士研究生和硕士研究生组成项目团队。

4. 参与者的工作时间

申请人自己写 6~10 个月是可以的（知名教授可以是 4~6 个月）；

正高职称的参与人填写 2~3 个月；副高职称的参与人填写 4~6 个月；中级职称的参与人填写 4~6 个月；博士后、博士研究生和硕士研究生作为参与人可以填写 8~10 个月。填写参与人工作时间的合理性在下一节专门讨论。

5. 人员信息

申请人和参与人的姓名、身份证号码（或者护照号码）、单位名称一个字都不能错。现在已改为先网上申报，项目获批后再提交纸质材料。提交纸质材料时必须注意：参与人必须是本人签名才可以，曾经出现过参与人的签名不是其本人所签，被举报查实后获批项目被撤销，已拨经费被收回的先例。如果某个参与人的名字在第一次录入系统时录入错了，将来这个参与人自己作为申请人申请项目，或者参与其他人申请的项目时，申请系统会提示名字错误而通不过。如果有国外参与人的情况，该参与人不能亲自在纸质申请书上签名，可以让该参与人通过邮件发送给申请人知情同意书（有签名的电子版或者扫描件），由申请人通过附件上传（在纸质申请书的签名处用铅笔注明见附件）。

5.2 工作时间应该怎么算？

作为参与人参加了其他申请人的项目，每年工作时间是 8 个月，今年轮到自己申请项目了，工作时间该写多少合适？如果自己也写每年 8 个月会不会有冲突？如果自己已经作为负责人主持了一项自然科学基金项目，该项目还没有结题，今年准备再申请一项，上一个项目写足了每年 10 个月，这次该写多少呢？

对于在研究生期间或者中级职称期间参加其他申请人的项目的总数，

《指南》中并未予以限制，但是必须合理。虽然对于申请人和参与人的工作时间在面上项目、青年科学基金项目以及地区科学基金项目中没有具体规定，可一旦自己要申请的时候就心虚。那么参加了别人的项目，自己申请项目时工作时间到底写多少合适呢？

先来看看《指南》中对在依托单位工作时间有具体要求的项目都有哪些。

（1）优秀青年科学基金项目，项目申请人应保证在项目资助期内，每年在依托单位从事研究工作的时间在 9 个月以上。

（2）国家杰出青年科学基金项目，项目申请人应保证在项目资助期内，每年在依托单位从事基础研究工作的时间在 9 个月以上。

（3）创新研究群体项目，项目申请人和参与者应保证在项目资助期内，每年在依托单位从事基础研究工作的时间在 6 个月以上。

（4）自然科学基金-新疆联合基金-本地青年人才专项培养专项，项目申请人保证在项目资助期内，每年在依托单位从事研究工作的时间在 9 个月以上。

（5）其他项目应根据申请项目的实际情况如实填写。

由此可知，青年科学基金项目、面上项目以及地区科学基金项目都归类在其他项目里。

无论是申请人自己的工作时间，还是参与人的工作时间，都应按照规定实事求是地填写。

大家都知道，一个 4 年期的项目即便经费是 100 万元，每年平均下来也只有 25 万元。通常情况下，青年科学基金项目定额 30 万元，总共 3 年，每年平均 10 万元；面上项目 60~80 万元。所以不会出现项目团队那么多成员全年围绕着一个项目做研究，不做其他工作的情况。即便上一个在研项目写了每年 10 个月，在新的申请中仍然可以写每年 6~8 个月。

对于同一个人参加了多个项目的情况，只能说参与人和那些申请人太不严肃了。对于研究生来说，很多学生以为参与的基金项目多，在毕业找工作时会对自己有利；对于中级及以下职称的人员来说，虽然不限项，但是终归过犹不及。因此要根据实际情况，本着实事求是的原则填写。否则真被挑出毛病，也是无话可说。

第6章 可行性分析和研究基础

6.1 可行性分析

很多年轻学者对可行性分析把握得不是很好。发表过很多论文，做过很多场报告，甚至获过大奖，这些能归结为项目的可行性吗？以前做过某方面的探索，有了前期的研究，这可以作为可行性吗？所在单位有很多高精尖的分析测试仪器和设备，本项目能因此具有可行性吗？从某些角度来讲，这些是可行性分析，但是有些勉强，严格地说，这些只能算可行性分析中的一小部分。

请大家注意，在面上项目正文模板中可行性分析处的原话是："拟采取的研究方案及可行性分析（包括研究方法、技术路线、实验手段、关键技术等说明）。"这句话说明什么意思呢？应该是拟采取的研究方案是否具有可行性？把握这一点就知道如何来阐述了。根据立项申请涉及的科学问题，设置了3~4项研究内容，这几项研究内容完成后就能解决项目的科学问题，就能实现项目的研究目标。虽然设置了研究内容，能否实现研究目标？能否解决科学问题？这就需要进行可行性分析。通常情况下应阐述清楚针对整个项目的研究方案、研究方法、技术路线及针对每一项研究内容是怎么研究的、试验怎么做、用到了哪些仪器设备和哪些分析测试手段等。在3~4项研究内容的研究中肯定有一些技术上的难题或者关键技术，通常只说最关键的一项就行。让人看后能感觉到申请人确实有过思考，对整个试验过程是很熟悉的，才有可能认可申请人的可行性分析。

当然，有些申请人在可行性分析中指出所使用的材料可行（是能获得的，甚至是自己研发的特别先进的新材料）、原理可行（大家公认的，教科书里的一些原理）、方法可行（所采用的试验方法是普遍使用的，或者其他学科的方法可供本项目使用等）、技术上可行（研究团队已经掌握了相关的技术，包括自己研制的仪器设备，已经做过了预实验，实验结果预期可以实现项目的结果等）。这种可行性分析也是可以的。

由以上可以看出可行性分析主要是让函评专家认可申请书中的研究方案是可行的。有时候个别申请人为了突出研究方案的可行性，给函评专家加深印象，会不由自主的加上一些辅助信息。恰恰是这些辅助信息，可能起到了画蛇添足的反面作用，导致申请失败。以下是在听专家们做报告时记下的一些案例。

（1）有位申请人的其他几份评审意见很好，单独有一份函评意见提出了质疑，认为涉嫌诚信问题，原因是什么呢？该申请人在可行性分析中提到的自己的创见在某个会议上与某知名教授进行过交流，深受该教授的认可，因此认为这个创见将会突破现有的关键科学问题，立项申请的实施无疑将会取得很大的突破。函评专家看到这段话时，就向该知名教授求证，据该教授说他参加和主持过很多会议，对于这个事真是记不起来了，对这个申请人也没有一点儿印象。

（2）有位申请人在可行性分析中强调自己和某单位有战略合作关系，合作单位的那台高精尖设备可以随时提供分析测试。大家知道，好的设备都是排队试验，有时候自己单位的一些设备，由于研究生多，需要提前几个月甚至半年预约。当评审专家向上述单位的设备负责人提出想去做实验时，这位负责人却说，不好意思，他自己也得预约，不是想什么时候做就能什么时候做的。由此得出项目申请人不具备试验设备的结论。

（3）记得前些年在一次开会时，有位朋友抱怨当年的基金没获批，原因是碰到了熟人评审没通过。按常理来说，遇到熟人是好事儿，怎么还没通过呢？这位朋友说，其中关键的两篇文章，第一作者是研究生，他是通讯作者，函评意见里质疑这位朋友不是研究生的导师，为什么列为通讯作者，因此错失当年的基金。这位朋友在第二年的申请书中说明了自己是副导师，博士学位论文在封面上没有标明，确实是自己指导研究生完成的研究工作，自己自然也是通讯作者，然后就拿到了资助。

（4）现在对于申请书中的每一项要求都很严格，尤其是申请人给出的代表性论著信息。有位申请人被函评专家质疑其中的一篇代表论文，明明是共同通讯作者，但是申请人标注时只标注了自己一个通讯作者，没有标注另一位通讯作者。因此函评专家认为把双通信作者标注为唯一通讯作者，有不诚信的嫌疑。

除了以上几个例子外，可能还有一些少写或者多写的信息，让函评专家起了疑心。涉嫌不诚信是最近几年出现的"翻车"最多的案例。有些多加的信息无疑是画蛇添足，未给出足够信息的确实不应该。不管是有心还是无意，这些都会对最终是否资助带来决定性的影响！

在申请书撰写过程中涉及可行性分析和研究基础的部分一定要慎之又慎，既不夸张，也不隐藏实力，实事求是地展现自己对立项申请中科学问题的把握，合理地向函评专家展示申请书的创新性、可行性以及自己的研究基础。

6.2 如何体现自己的研究基础?

国家自然科学基金是从事学术和科研的学者们的重要助力,除了资助有潜力的年轻学者,让他们走上学术和科研之途,免受无米之炊的尴尬外,还代表了申请人的研究得到了所在研究领域同行们的广泛认可。不管是哪一方面,其实都是申请人向外界展示自己的研究基础、学术能力和水平,表明自己对学术和科研的极大关注和热爱。

刚开始实行代表作制度的时候,很多年轻学者掩饰不住自己内心的焦虑,5篇论文就能代表自己的水平吗?为了这5篇论文左挑右拣,直至提交申请书的最后一刻才下定决心。期间还想着各种无痕植入,把剩下的论文在"立项依据""研究基础""可行性分析",甚至在"研究方案"中找到地方放进去,唯恐函评专家不知道自己的研究基础雄厚,不说论文等身,至少也是十几篇,甚至数十篇的身家。

经过几年的实施,大家终于接受了代表作制度。每个申请人对代表性论著和研究基础的理解不同,在申请书中展示的角度不一样,采取的策略也不尽相同。但是殊途同归,最核心的意思就是告诉函评专家:我们是有研究基础的,不是"空手套白狼",请您放心,基金交给我们,我们肯定在原来的基础上,会更加努力,不辜负您的信任,不辜负基金委对我们的资助,一定能干好!

代表性论著就是最能代表自己学术水平和能力的论文和著作等。确定研究方向很重要。研究方向通常需要根据导师、课题组的PI、同事的建议,结合自己专业特长来确定,需要全面分析自己的理论基础知识和专业知识,还要考虑专业领域的发展前景和市场需求等。一旦确定下来,就要几年,甚至几十年如一日地为之努力耕耘。代表性论著是围绕自己的研究方向开展研究工作之后的产出。由此可以看出,代表性论著需要体现研究工作的系统性、延续性和对某一个问题研究的深入性。

通常情况下，在研究过程中，根据需要会涉猎一些与研究方向相关的次生问题，也就是常说的"搂草打兔子"。这也就是研究的广度，这个广度不能距自己的研究方向太远，太远就相当于开辟了一个新方向，对原研究方向是有影响的。毕竟一个人的精力是有限的，不可能什么都做，什么都能做好。如果不能做出有影响力的研究工作，那还不如把这个机会留给其他更擅长的同事或者同行。最怕的就是隔行取利，对自己的发展不利，也容易引起同行的诟病。

研究基础是什么呢？很多年轻学者把研究基础等同于代表性论著，这可能是认知上的一个偏差。代表性论著代表的是申请人的研究能力和水平，而研究基础是立项申请里所要解决问题的前情和铺垫，也就是前面说的不是"空手套白狼"，不是拍脑袋想出来的。要能证明申请人团队在解决这个问题上花了很多的精力和时间，从已经得到的初步研究结果来看，问题的解决已经看到了曙光，通过这些初步的研究，有信心取得最终的成功。这才是真正的研究基础。

在"研究基础"中至少要阐述以下几点：

（1）申请人从研究生阶段开始就从事某个问题的研究，围绕这个问题承担过很多项目，具有主持和完成项目的经验。

（2）在解决这个问题的过程中，又发现了新的问题，形成了另外一个新的项目，并且获得了资助。这体现了申请人研究工作的系统性和深入性，比罗列一大堆项目和论文要好得多，而且能体现出申请人对研究工作的执着。

（3）立项申请的项目舍我其谁？如果换成其他人根本不可行。这就是研究基础的另外一个意思：要说清楚申请人自己的特长，申请人几年，甚至十几年如一日地沉浸在这个研究中，不是其他人随随便便就能替代的。最终获得函评专家的认可并同意资助。

还有没其他的呢？肯定还有，希望读者多思考、多总结，肯定会想出许多体现研究基础的内容来。

6.3 对研究基础的误解

年轻学者对于研究基础的理解可能会存在以下误解。

误解一：发表过很多论文，就说明研究基础很好

发表过很多篇论文，仅用5篇代表性论著不能完全说明自己的科研能力和水平。还有很多篇与立项申请项目相关的论文，怕专家不知道，全在此处列出来，否则专家哪有时间去网上搜自己的文章呢？

其实，5篇代表性论著已经足够证明申请人的做、写、发的水平，不用刻意把所有的论文都罗列出来。

误解二：预实验很重要，不能没有

有的申请人觉得预实验很重要，但是给出来的信息让专家认为立项申请的项目几乎接近完成了，似乎不用再资助了！还有的申请人仅仅是一个想法，没有预实验，自己很心虚，尤其是听别人说这种情况根本没有戏，心里就更慌了。

在立项申请书中要展现自己不但有想法，还有不错的执行力，已经开始把想法变成实际的实验了，只是缺少经费，一旦有经费支持，就可以大展身手了。比如，已经发表的文章对要进行的研究内容或者科学问题有什么帮助，现在已经有一些苗头了，预计会有大的突破等。这就叫"抛砖引玉"。对于没有预实验的申请人来说，可以把自己以前的工作，哪怕只是在大的研究方向上相关的工作，取得了哪些结果，参加了哪些重要的项目，获得了哪些奖励、专利，发表过哪些文章等加以介绍。通过这些让函评专家看到，虽然以前的工作不是很相关，但是同样也能很好地完成任务。

总之，有论文、预实验的，在"研究基础"中要说明之前的论文、预实验和现在申报的项目相关、有帮助；如果不相关时就要展示自己以前的工作完成得好，证明自己的能力。

误解三：发表过顶级论文就一定获批

事实是，有顶级论文的项目也会"翻车"，尤其是基金委开通了海外优秀青年科学基金项目的申请通道后，这方面的情况更常见。

阐述研究基础就是为了让专家知道申请人在该项目中是有基础的，有真才实学的，而不是在"空手套白狼"。那些发表过顶级论文而项目没有获批的申请人，通常会愤愤不平。这里要明确的是，没有获批不是有没有顶级论文的问题，而有可能是申请书出了问题。有顶级论文说明申请人能做研究，也能写文章，基础很扎实。但是能写好论文不代表一定能写好申请书，这两者之间没有必然联系。建议申请人找有经验的同行好好请教，看看自己的申请书还有哪些不足。

6.4 对研究基础的思考

科学研究的目的是什么？自然科学基金设立的初衷是什么？从事科研的初心是什么？这些是值得科研人员思考的问题。

科学研究是探索自然、认识自然、改造自然、利用自然为人类社会服务的行为。在这个漫漫长河中，人类从茹毛饮血发展到了现代社会的多姿多彩、丰富多元、舒适惬意。我们作为人类社会的一分子，一方面享受着科学和技术带来的快乐和财富，另一方面也加入到科学认知和技术变革的大军中，创造更多的快乐和财富。

自然科学基金资助基础研究，资助有潜力、有能力的研究者探索未知世界。通过申请者提供的立项依据，及其在提出科学问题的基础上设计的研究内容，给出的研究方案和实现的技术路线，使专家了解项目的意义并做出评判，从而资助那些值得资助的学者及其提出的项目。

研究基础包括申请人以前发表的论文。论文是什么？论文是科研过程和研究结果的记录。科研人员对提出的问题做了某种假设，根据假设设计了试验，经过试验研究，验证了假设，或者解决了提出的问题。问题有大有小；有关键的和不是那么关键的；有迫切的，还有不那么迫切的。也就是说自己提出了很多问题，解决一个问题可以发表一篇论文，对该问题的解决大家都在做，通过发表的论文，学者们互为参考和借鉴，共同进步，这就是论文的价值和功用。能代表自己所解决问题的重大性、重要性，有显示度、有影响力的论文就是代表性论著。除了代表性论著之外，自然还有很多论文。为了避免重复，避免有晒论文之嫌，可以说明在针对项目相关的某个问题和某个研究中解决了什么、有什么贡献，在深入研究上又有了新的认识，获得了新的灵感，在此基础上申请了本项目，希望获得资助。以此逻辑阐述研究基础，自然、顺理成章、不卑不亢，没有任何造作、扭捏之感。

也就是说，应该把大部分的时间和精力用在项目本身上，与其去猜测和迎合素未谋面、有可能会提出各种挑剔问题的函评专家的口味上，不如赶快做实验，验证自己的方案是否可行，能否得到预期的结果。

6.5　申请书常见问题示例

虽然在基金动员会上听了很多报告和讲座，很多地方还是有些抽象，还是琢磨不透。这里根据年轻学者常见的问题给出实例来讲解。

1. 题目和摘要很重要

相信很多老师听过关小红教授的讲座，个人觉得关老师讲得特别好，尤其是对题目和摘要讲得很透彻。题目和摘要也是年轻学者未给予足够重视的地方。比如有一个申请书的题目为"镁合金电弧增材关键技术研究"。第一个关键词"镁合金"限定了材料,第二个关键词"电弧增材"说明了加工的方法及工艺,第三个关键词是"关键技术"。从题目来看,前两个关键词太过普通,没有任何抓眼球的地方,通常不会引起关注;第三个关键词"关键技术"太过笼统。因此仅从题目上很难给人留下很深的印象。继续读这份申请书的摘要,如果仍然不能让人眼前一亮的话,那么后面所有的评议工作就是验证这本申请书不行。

（1）题目至少能反映出最重要的 1~2 个研究内容以及科学问题。很多年轻学者总要在题目里写上"机理""机制""影响规律"等,或者必写"研究"二字。其实如果大家都这么写,突然有一两个题目不这样写,反倒能让人觉得很新颖,想继续读下去看有没有什么新意在里面!

（2）申请书里的摘要比较"八股",限定 400 字,一定要讲清楚研究的背景、意义,要研究什么,有什么创新性。摘要的内容注意要和题目的关键词相一致,不能在题目中出现的关键词在摘要里找不到相应的内容;或者题目起得很好,摘要一塌糊涂、不知所云。曾经有一份申请书,题目十分吸引人,几个核心词让人觉得后面都不用看了,肯定差不了!但是看了摘要和立项依据后,发现申请人要做的事情和题目不相干。这题目肯定是有高人指点过,但是高人没有时间指导后面的内容。所以第一眼看上了,由于没有内涵,只能与"建议资助"擦肩而过。

2. 立项依据撰写避免给专家扫盲

很多评议专家看申请书,尤其是立项依据,通常是先看专业背景中有什么需要解决的问题,然后再看申请人如何阐述哪些因素或者途径有可能解决该问题。有些年轻申请人在撰写依据的时候,担心专家看不懂重点,在每一段的段首、段中和段尾均以醒目的颜色标示,还加上下划线。其实没有必要，好的申请书在立项依据中的每一段都会在最后一句点题，说明这段文字的结论是什么。这需要花心思设计。某申请书中有一段话的结尾写道："由此说明，预热和随后的缓冷工艺显著地提高了抗裂性"，这是在说常识，会让专家觉得在给他扫盲或者上课，没有一点儿基础研究的味道在里面。申请人担心不这样的话，字数太少，怕给专家造成写得不认真的印象；另外，这么写也是为了能让大同行看懂，否则万一专家看不明白怎么办？不要低估专家的专业素养和专业水平。不是写得越多越好，言简意赅地说清楚问题即可，不要耽误专家宝贵的时间。

3. 不要有错别字

申请书中尽量避免错别字，否则会影响专家阅读申请书的体验感，也影响专家顺畅地理解申请人的意图。通常应在提交前自己通读一遍，再找关系好的同事或者研究生读一遍，除了改错别字，还能发现语句不通顺之处。尤其是越临近提交截止时间，越没时间去仔细看申请书里面有没有瑕疵，比如图片错位、多了或少了几行字、标题不全、有两段重复的文字、前后说法不统一等。

常见的录入错误举例：高速摄影—告诉摄影，作者—坐着，高锰钢—高猛钢，研究—烟酒，离子束—粒子束。这种用拼音输入法录入的别字，通过读音还算比较容易发现；如果是五笔输入法录入的可能就不太容易被发现。如果这种错别字出现在正式提交的申请书中，相信任何专家看了以后都不会留下好的印象。

4. 承担和已结题的项目之间的关系

对于手里有很多项目的申请人，每个项目的题目不要看着都差不多。要说清楚每个项目之间的关系，要强调前一个项目在实施过程中发现了什么新的问题，由此产生了本次申请项目的解决思路和解决方案，同时说明两个项目之间是递进关系，不是重复的或者部分重复的关系，当然也不是简单的延续。让专家觉得申请人在这个方向上不断深耕，避免造成一个内容向多个部门申请资助的嫌疑。

如果把面上项目、青年科学基金项目和地方科学基金项目放一起评审的话，青年科学基金项目的申请人通常是很吃亏的，所以各学科通常的做法是面上项目和地区科学基金项目放在一个包里，青年科学基金项目则单独在另一个包里，这样大家水平差不多，才显得公平一些。即便如此，对于青年学者的申请书来说，不同类型依托单位在申请书里反映出的特征也是很明显的。通常表现在有雄厚的研究基础、耀眼的学术成果、人员优势、项目和经费优势等。

（1）申请人在"研究基础"部分应该强调自己在这些项目中的具体作用和贡献，对现在要申请的项目的作用是什么。尽量避免把笔墨用在"负责"或者"承担"这样的字眼上，也要尽量避免重复申请之嫌，更不要让函评专家认为是"土豪"，根本就不缺经费，从而产生应该把自然科学基金有限的经费用于更需要经费的其他申请人。所以如何突出项目和经费优势，在撰写时注意把握好一个度。

（2）有的申请人在论文和理论研究方面可以说独领风骚，对于这些申请人，还真应该资助一下。只要申请人摆正心态，做好选题，认真撰写申请书，即使当年拿不到，第二年基本能拿到，最晚不过三年就能拿到资助。

（3）有些申请人理论基础稍弱，但是有人员优势，除了有充足的研究生，还有大量的教授、副教授、讲师和助教，申请书中通常参与人团队阵容庞大，4 个左右高级职称、2~3 个中级职称，还有 5~7 个研究生。在这里，建议最好选择与项目研究内容相关的研究人员，并且说明这些研究人员在项目里的分工情况，如果在研究方向上八竿子都打不着的，果断舍弃。

5. 立项依据要开门见山

有什么问题，不解决会有什么严重的后果，别人怎么做的，自己准备怎么做，简单讲述在这方面自己还有什么前期的研究。在讲别人的工作时必须对其研究有所评述，不能是一大堆没有逻辑关系的资料简单堆积，更不要把人家的研究结果一摆，说人家做得很好。既然人家做得很好了，为什么还要再研究一次？

第 7 章 代表性论著

在"代表性研究成果和学术奖励情况"部分需要列出能代表申请人学术水平的代表性论著（包括期刊论文、会议论文和学术专著等，合计不超过 5 项）和论著之外的代表性研究成果和学术奖励（包括专利、会议特邀报告、科技奖励等，合计不超过 10 项）。本章仅就代表性论著展开讨论。

很多年轻的申请人在选择代表性论著和论著之外的代表性研究成果时会有许多疑问，比如选择自己是第一作者的论文，还是选择自己是通讯作者的论文？国际或者国内会议张贴论文（poster）算不算论著之外的研究成果？综述性论文发表的期刊影响因子很高、引用率很高，能不能作为代表性论文？选择代表性论著的原则是什么等。大多数的申请人有很多篇论著和研究成果，在选择时很难取舍。本章对于这个问题综合了很多函评专家和教授们的看法，有些可能会互相矛盾，最终如何选择，需要读者根据自身情况来决定。

7.1 代表性论著为什么是 5 篇？

执行代表作制度以来，只允许提供 5 篇代表性论著（代表作），所以申请人在选择前应该先对代表性论著有一个了解。

对于一个科学问题的研究，可以分解为几个部分（或者几个研究内容），根据每一部分的研究结果，分门别类，可以形成 3~5 篇互相联系又无关键性重复的研究论文。这也是很多有博士授权的单位设定 3 篇 SCI 期刊论文为博士学位论文工作合格的最低要求。

规定 5 篇代表性论著也是基于以上理由，如果一个科学问题的研究，形成了 5 篇及以上的论文，这些论文中肯定有部分重复，甚至会有一稿多投的嫌疑。在 SCI 出来之前，每个专业都有自己的阵地（期刊），大家都比较看重在自己所属研究领域的期刊上发表论文。前些年，由于论文的重要性凸显，有些人把完整的论文拆分成研究若干小问题的小论文，投向不同的期刊以增加论文篇数。

只要发表过 SCI 论文的学者，都有机会成为期刊的通讯评审专家。由此可知，这些专家也不是神，和自然科学基金函评专家一样都是所在专业领域里的同行。只是前者范围广泛，包含国内外同行，后者的准入更严格。

在专业领域的期刊上发表论文，其实就是让自己所在专业领域内的同行知道自己在做什么，做得怎么样，影响如何，避免申请书里可能因词不达意而错过获得同行认可的机会。从这点来看，比较鼓励学者们的眼睛不要总是盯着影响力很大的期刊，多在自己研究领域的期刊发表论文。

可以这么说，只要本着踏实、认真、不夸大的务实作风搞科研，即便是兴趣广泛，从事多个研究方向，一生的代表性论著也不会超过 20 篇。代表作制度设立的初衷也就是让大家往一个方向努力，而不是文章多多益善（基础研究方面除外）。

所以，科研应朝着一个方向深耕精作，不要见异思迁，不求论文齐身，只求一篇传世。

7.2 代表性论文能否决定一份申请书的命运？

大家在选择代表性论著时通常倾向于用论文来展示自己的学术水平和

能力。越是在影响力大的期刊上发表的论文，越能展示作者的研究价值并获得同行的认可。因此代表性论文在申请自然科学基金时还是很管用的。这是不是就意味着代表性论文能决定一个申请书的命运呢？

函评专家的水平也是一个考量。函评专家会以自己的研究经验和学术造诣判断一个项目的创新性和可行性，以及该项目是否能对领域内存在的问题有突破性的解决或者发展等。

代表性论文代表了过去研究结果的水平和影响，不能完全代表申请人将要进行的新研究的创新性和可行性。一些综合性刊物聘请的审稿人是从期刊投稿的作者或作者自己推荐的专家中筛选而来，这就形成了交叉领域的审稿专家。也就是说，论文的审稿专家不一定能确定所评审论文的水平。

有的科学问题解决难度太大，技术手段和条件不成熟，大家望而却步；或者不适合"短平快"之类的研究，短时间很难见成效，近期无人做类似研究。因此想要有所突破，引用的文献就会是年代久远的，如果都是新文献，都是热点，结果极有可能是难有大的突破，只是容易发表文章而已。

每年二十几万的申请量，而且逐年在增加。就算函评专家个个目光如炬、慧眼识珠、火眼金睛，每个人的精力也是有限的，也有偶尔看不到的时候。函评专家也需要成长，既然要成长，那就需要时间，需要有一个过程。

7.3 资深专家眼里的 5 篇代表性论著

其实，对于博士毕业刚从事学术与科研的年轻学者们来说，提出的立项申请90%以上都是非常好的，非常值得做的，需要说明的就是为什么一定是你来做。

态度端正、严谨认真、一丝不苟、精益求精的申请人更能获得专家的青睐。函评专家的专业素养和专业水平是毋庸置疑的。专家们是怎么成为专家的？他们往往是经过千锤百炼，方能在自己的学术领域脱颖而出，学术思想和对亟待解决的科学问题的认识受到同行的认可，研究工作得到自然科学基金的资助。如果年轻学者们在申请书中体现出和专家一样的精神，精心打磨细节，而使申请书有浑然天成的感觉。函评专家邂逅这样的申请书，这样的申请人，就会感觉几乎是以前的自己。这样做人做事的申请人，函评专家自然愿意推荐资助。所以在某种程度上，要做事，先做人。

有些函评专家说评基金就是评人，很多年轻学者最开始可能极不认可。但是仔细一想，这个说法确实有道理。有些专家评申请书的顺序是：题目、摘要、简历、5 篇代表性论著。读完这 4 部分，基本就能确定评分了，之后全文浏览申请书便可确定这份申请书最终的去留。

对于代表性论著，《指南》要求最多 5 篇，也就是说可以少于 5 篇。经过这两年的实施，大家已经开始适应了，不像刚开始执行代表作制度时，有些申请人把发表的几十篇论文到处塞，唯恐函评专家不知道自己发表论文的能力。

代表性论著不是说期刊级别越高就越能代表自己的学术水平，就越能代表自己独立开展科学研究的能力。可以从不同的角度来进行分析，看看代表性论著是否真的就代表了申请人的学术和科研能力。年轻学者有时候在不自觉中就暴露了自己内心的真实想法，而这些恰恰就作为函评专家评审时决定一份申请去留的依据。那就看看资深专家是如何来看待申请人的代表性作品的。

（1）最佳为第一作者。

（2）次佳为单一通讯作者且第一作者为自己的研究生。

（3）其他情况，比如合作的文章，有时以双通讯的 *Nature* 子刊为代表性论著的也不行。因为双通讯作者说明不了申请人的水平，主要原因如下：

1）如果申请人是年轻人，另一个通讯作者是其导师，很有可能的判断就是"代表性论著未体现申请人独立研究能力"。

2）如果申请人是导师，另一个是年轻人，可能的判断是"未体现亲自进行研究工作的能力"。

3）双第一作者与双通讯作者只有在 2 人均为该申请书成员，属于合作研究时才能算数。

以上说法可能有些偏颇，仔细想想也是有一定道理的。比如，如果是刚毕业的博士，入职后申请青年科学基金项目，有以上情况的论文就很难反映申请人的真实水平，而可能反映的是申请人导师的水平，尤其是留学回国的年轻学者。

一个学者，皓首穷经、追求真理、提出问题、大胆假设、仔细求证，做到最后就是专业领域的"福尔摩斯"，擅长根据蛛丝马迹解决研究中的问题。所以，最后还是提醒读者注意，不是专家不懂申请人，而是需要申请人站在专家的角度，以专家的视角来审视自己提供给专家的信息，自己到底希望专家看到什么。自说自话，让专家感觉不知所云，而申请人却浑然不知，这才是最致命的失误。

7.4 综述论文能否作为代表性论著？

无论是期刊邀稿还是自己投稿，总结同行和自己在该领域的贡献以及展望，大多数是知名教授来做。知名教授在自己研究领域内多年的研究积累、学术声望，以及对专业领域研究前沿了解的广度和深度上，都占有绝对的优势，而且也会有超乎一般同行的笔力、眼界和见解，写出来的综述高屋建瓴，对研究领域的发展才有指导意义，其展望才更有说服力和影响力。

　　教授们都很忙，尤其是知名教授。因此在文献调研、资料分析及归纳、撰写初稿、精打细磨、谋篇布局方面基本由研究团队里的骨干来完成，往往是一个团队在完成一篇综述，历时一年半载甚至两年都很常见。这也是年轻的主笔或者骨干人员比较纠结的地方，那么长时间和那么多精力的投入，引用率那么高，说明影响力还是蛮大的，作为代表性论著是不是有些道理？毕竟引用率超出了一般研究论文，没有一定的道行也写不出来。

　　以前文献传播不畅的时候，有些专家的外文阅读和理解能力有限，一些有实力的单位由于研究或研发的需要，专门设立情报室，其作用就是专门搜集国际最权威、最新的研究文献，文献的数量和时下的文献数量比起来还是有些小巫见大巫了。情报室一般会定期发布情报分析报告供本单位研发人员参考，如果外单位有门路的，能得到这样的情报分析资料通常都奉为圭臬。

　　从某种程度来说，做情报研究工作的，首先，要占有绝对的文献资源优势，否则不能全局把握研究动态和研究脉络；其次，外文水平要高，不然是苦差事；再次，得有一定的学术造诣，否则情报的综合分析及结论就不具有参考价值；最后，文字水平高、逻辑性强、条理清晰。因此当时的综述水平很高。

　　随着改革开放的深入，出国进行学术交流日益增多，尤其是随着互联网的发展，专业领域的文章足不出户即可获得，以前流行的各种纸质的文摘、专业分册、期刊发表论文目录索引，几乎都先后被 EI 和 SCI 取代了。现在，一篇硕士或者博士论文的前言或者绪论，稍做总结就是一篇文献综述，而且是很多研究生的第一篇小论文。由此可知，综述行情也是比较混乱的，水平有高有低，鱼龙混杂。从媒体报道的现状来看，有些中学生、大学生为了在升学时得到加分，也加入到综述性论文撰写的大军中来。

985 高校一位材料专业的老教授说 20 世纪 90 年代,《金属学报》邀请他写专业综述论文,他说自己没有这个水平不敢下笔写,怕被同行认为不谦虚。现在很多年轻老师有引用率高的(这是综述性论文的特性决定的)综述论文在手,放进代表性论著怕不被认可,不放进去确实有些可惜。

十几年前评职称的时候,老教授建议不要放综述论文到代表性论著里,综述是评述他人工作,不能展示自己的研究水平,不适合放进职称评审的材料里。

由上述内容可知,把综述性论文作为自然科学基金申请人的代表性论著是有争议的。自然科学基金申请人在选择综述论文作为代表性论著的时候一定要谨慎。

7.5 综述性论文作为代表性论著的各方观点

对于综述性文章能否作为代表性论著,年轻学者们和函评专家们都有自己的看法和观点,就让我们看看具有代表性的各方是如何来看待这个问题的。

曾经获得自然科学基金资助的年轻申请人说,综述可以作为代表性论著,而且他自己就是这样做的,函评的评审意见还很不错,其中的两个函评意见还说其基础扎实。因此该申请人认为主要看综述文章和申报的研究内容相关程度如何。写一篇好综述,说明该申请人善于思考,不是那种为发文章而发文章的作者。并以"提出一个问题,比解决一个问题更难"作为佐证,从而认为 5 篇代表性论著里有综述性论文,应是加分项。

也有教授认为:主要看文章的水平。有一些专门刊登综述性论文的知名刊物,在这种刊物上发表的综述性论文,自然可以作为代表性论著了。

还有的教授认为:综述性论文是一个研究方向上工作的总结和展望。如果没有在一个方向上有足够的积累、广泛的涉猎以及独到的理解,是不敢妄谈综述的。

另一些教授认为：刚入职没几年的年轻学者凭什么写某个研究方向的综述？而且还要来指点在这个方向做得很深的科研人员，这样的综述，根本不用看。为追求高引用率而写综述是当下一种不好的风气，不是科研的真谛，是扼杀学术和科研的行为。

由此看来，年轻学者们和专家们对综述性论文的观点各有不同，谁也说服不了谁。

一旦选择综述性论文作为代表性论著，就只能寄希望于碰到认为综述性论文能代表一位学者研究水平和能力的函评专家。

每个人的成长经历、成长环境和氛围不同，同样看待一件事情，站的角度不同，有可能就得到截然相反的结论。不仅仅是代表性论著的选择，申请书的其他内容也是一样。在评审过程中，有时候哪怕一个小小的细节，就有可能让函评专家对申请书认可，这个细节也有可能让其他函评专家坚决反对资助。但是千万不要以此为理由而拒绝打造完美的申请书，至少在申请书的形式上要做到无懈可击，才有望获得函评专家的认可，在基金申请中占得优势。

第8章 形式审查

8.1 初审中的"翻车"事故

基金委每年都在提升科学基金网上申报系统(以下简称"申报系统")的便利性,包括前些年让人提心吊胆的限项问题,现在大家都不用担心了,只要把姓名输入申报系统,超项的申请人或参与人,系统都会有提示。即便如此,每年还是有初审被拒的申请书,一些小疏忽而导致的"翻车"时有发生,从而导致一年的心血付之东流,研究耽误2~3年。初审被拒,除非是基金委自身原因造成的,其他情况复议翻转的可能性几乎是零,所以一旦被拒不建议复议,否则不但耽误自己时间,也耽误基金委的时间,而且还浪费大量的学术资源。

从近几年的情况来看,初审被拒的申请书越来越少,但是依旧有,主要存在以下几个方面的问题。

(1)不管是申请人还是参与人,本科之外的硕士和博士阶段的学习经历中都要给出导师的姓名。也就是说申请人和参与人的简历填写要完全。

案例:申请人博士在读,因个人简历未按申请书模板要求列出博士导师姓名而导致初审被拒。

(2)不管是申请人还是参与人,国内或国外的博士后、访问学者,其经历中必须给出联系教授（系统显示的是导师）的姓名。在申报系统的个人简历维护中，博士后一栏是"博士后经历：工作单位：＊＊＊＊＊＊＊＊＊，导师：＊＊＊＊＊＊＊＊从＊＊＊＊年＊＊月 到＊＊＊＊年＊＊月，目前在站：＊＊＊"。

案例：留学基金委的访问学者（或者博士后）经历，因没写合作导师被拒。

（3）每年都有将往年未获批的申请书进行修改后提交的，在提交之前忘记修改研究期限（差一天都不行）。因研究期限错误而导致初审被拒的每年都有。

（4）申请人或参与人简历前后不一致。

案例：前面表格中是副教授，后面的简历中则是教授。

除了上述的主要问题之外，可能还有很多漏洞，希望引起年轻学者们的注意，尤其是第一次申请自然科学基金的年轻学者们。

8.2　提交之前的形式自查

申请书撰写好了，提交前最后的检查很重要。这里总结了大家比较纠结的问题供读者参考。

1. 题目的字数

很多老师建议题目不超过 25 个字，其实题目字数是没有限制的。但是最好短小精悍、言简意赅，实在不能在 25 个字以内完全表达项目的意思，那么超就超吧，总比说不清楚被拒要好。

2. 承担、负责和参与的关系

通常说的承担就是负责，负责就是承担，与参与是不一样的，所以在申请人信息录入时要把承担和参与的项目列出来，而在报告正文中只填写承担的项目即可。

3. 各项内容的排序要求

整个申请书中，教育经历的填写要求："教育经历（从大学本科开始，按时间倒序排序；请列出攻读研究生学位阶段导师姓名）"；工作经历的填写要求："科研与学术工作经历（按时间倒序排序；如为在站博士后研究人员或曾有博士后研究经历，请列出合作导师姓名）"；主持或参与的项目的填写要求："主持或参加的科研项目（课题）情况（按时间倒序排序）"。注意参与人的代表性论著、代表性成果的填写要求中没有提出按时间顺序顺排还是倒排，"[代表性研究成果和学术奖励的格式如下（仅供规范格式示例使用，不代表排序要求，此部分标题及示例均可删除）]"，由此可以看出，代表性论著没有倒排还是顺排的要求，所以大家可以按重要性或者显示度排序，也可以按时间顺序排列，为了前后的一致性，还是按照时间顺序倒排比较好，能看出申请人研究成果的连续性，否则年代跳来跳去也不符合一般的习惯。

4. 是否需要专家推荐信？

高级职称或者具有博士学位的申请人不需要专家推荐信，但是如果是在职博士研究生，则需要导师同意函，并且由导师说明申请的项目与博士学位论文的关系，还要支持申请人，使其在攻读博士期间能有时间和实验室完成申请的项目。没有导师的同意函估计初审要被拒。

5. 未中的申请书是否可以再次申报？

自己独立撰写的申请书，去年未获批，今年修改后可以继续申报，毕竟一个想法或者创新不是那么容易得来的。对于大多数人来说，好申请书是改出来的，所以请放心大胆地用，而且不在查重之列。但是如果一字不改可不行。除了按照去年的专家意见老老实实地修改之外，还需要继续完善自己的申请书，争取脱胎换骨，顺利获批。

6. 引用率和影响因子

教育部、科技部以及其他几个部委专门出文，不允许在科技专项、杰出青年科学基金项目、优秀青年科学基金项目以及其他重点、重大、人才项目中列论文引用率及期刊的影响因子，因此申请自然基金不用写影响因子，而且自然基金一直没有这个要求，在系统中也没有填写影响因子的地方。只能说有些申请人的心中一直不放弃要表示自己论文所在期刊影响因子高的想法。

7. 准备录用的论文

报告正文中明确要求"请注意：①投稿阶段的论文不要列出"，即使给出录用函也不行，除非有 DOI 号，能在网络上查出来的才可以。

8. 上传附件的大小

规定上传附件小于 1MB，不能超过。如果文件超过 1MB，可以用相关软件另存为一个小文件，或者在百度上搜一下就可以找到很多方法，实在不行就分多个文件上传，不能因为怕麻烦就不按规矩来。

9. 关于代表性论著的问题

代表性论著限定为 5 篇以内，也就是小于等于 5 篇。应该以第一作者和通讯作者为主，最好和申报的项目有相关性，不相关问题也不大，主要是证明自己的能力和水平。许多人纠结自己是第二、第三作者，甚至排名更靠后，但是期刊影响因子很高的文章，是否可以作为代表性论著？其实这样的文章和自己关系不大，不建议选用，除非很难凑齐自己是第一作者或通讯作者的 5 篇文章。对于已经有 DOI 号的论文可以列为代表性论著，但是该文章要能在互联网上搜索到，如果搜不到那就是不诚信了。DOI 号可以在备注里说明，如果实在不放心，可以舍弃，一篇文章代表不了什么。遇到疑问也可以直接打电话到单位科研处或者基金委相应科学处咨询。对于有很多文章的申请人来说，可以在"研究基础"里仅说明自己在与研究内容密切相关之处已有成果，或者以往的成果对本次申请的研究内容帮助很大，然后把相关的文章列个表，建议不超过 5 篇，用以说明自己的研究基础。论文列多了会让人感觉是重复研究。与研究内容无关的论文就不用列在表里了。

10. 关键词的选择

研究方向，也就是第一个学科代码的选择很重要，学科选好以后再选第二个代码，最后才是这个代码下的关键词。比如 3D 打印，在很多学科都有这个关键词，医学科学部里有，工程与材料科学部里也有，甚至数学物理科学部也有。如果申请人是医学专业的，选择时肯定选择医学科学部，然后在医学科学部的具体学科方向的下拉菜单里选择这个关键词。如果申请人是地球科学部的，没有 3D 打印这个关键词，因为医学科学部里有这个关键词，而选择医学科学部，那么初审时就可能以学科（学部）选择错误为由而被拒。以上只是举例，可能大多数的申请人纠结的主要是同一学部下不同学科方向的关键词，道理其实是一样的。

11. 参与人分工

很多初次写面上项目申请书的申请人伤透了脑筋，主要问题是参与人阵容强大，3~4 个研究内容排都排不过来。最好是一个研究内容安排一位参与人，老师多、研究生多的情况下，可以安排一个老师+1~2 个研究生做一个内容。也就是说，分工与研究内容相关，这样的安排就相对简单了。

12. 参与人工作时间

有些申请人参与了很多项目，自己申请的时候，不知道该怎么填写每年工作时间。不管参与了多少项目，在自己申请的项目中，参与人每年工作时间，自己为 6~10 个月，研究生一般为 10 个月，主要参与人高级职称的为 2~6 个月。

13. 身份信息

不管是申请人还是参与人，请一定仔细校对身份信息，前后要一致，不能前面是副教授，后面是教授；前面是中文，后面是英文；前面是博士后，后面又变成博士。某些申请人是博士后，却不写，把这段经历去掉；或者自己刚工作暂时是讲师，等评审结果出来就是副教授了，就直接写自己是副教授；还有更甚者，把参与人的职称信息拔高一下。这些都是不诚信的表现。人员身份信息一般由依托单位负责审核，如果依托单位放过，被人举报到基金委，申请人自己要受到严厉的处罚，依托单位也要承担责任。劝申请人莫要触碰这个红线。

14. 字数的纠结

属性问题800字以内，摘要400字以内，立项依据8000字以内，对于属性和摘要只要那个框能放得下就没有问题，通常是一旦超过就显示不完全，所以打印之后一定要看一下，是否全部显示了。对于立项依据，建议按规定的8000字来写，可以少，也可以多，以把依据讲清楚为宜。经常有申请人问：12000字行不行？主要是评审专家时间有限，还是言简意赅好一些，大家都能节省时间。

15. 参考文献

列参考文献时，需要考虑的是参考文献的重要性、时间性、相关性以及社会性。重要性是指要有重要的文献，可以排除一些跟风研究的文献。时间性是要求比较新的文献。相关性是指和申报的项目相关性要大，紧紧围绕所申报项目的研究内容和科学问题；相关性不大的、外围的、常识性的文献就果断舍弃。社会性比较难把握，但是掌握了国内外研究动态的申请人不用担心，国内、国外的文献都要有，尤其是国内做得比较好的知名教授和课题组的文献必须有。其实个别专家也非常愿意看到自己的文章被引用到申请书中，但是有些申请人把第三个作者之后的都省略成一个

"等"字，真是遗憾啊。所以既然写了那么久，就不要嫌麻烦，把文章所有的信息都给列出来比较好。文献以少而精为宜，通常 20~30 篇比较合适，最多 40~50 篇。立项依据中要抛砖引玉，把自己要做的研究内容和科学问题引出来用不了很多文献。文无定法，所以没有具体的篇数要求，自己觉得合适就行。另外，兼顾专家的时间和舒适感，专家看着是否舒服也是需要考虑的因素，毕竟申请书是给专家看的。

16. 经费预算

那些需要买设备、仪器、软件、工作站的申请人，动不动就五万元到十几万元的设备费。这里需要提醒的是，青年科学基金定额只有 30 万元，面上项目大约 60 万元。自然科学基金是资助基础研究的，不是帮申请人搞平台建设和购买硬件的。除了顶级的分析测试设备和一些电化学工作站，只要有钱哪里不能做实验？

17. 工作经历

有些申请人可能由于某种原因，工作中断了一段时间，不想写出来。这是可以的，只要是非学术性质的中断，可以有断档期。如果不涉及个人隐私，可以写，比如有些申请人在培训机构做过一段时间老师，完全可以写。

18. 关于诚信的问题

这里要提醒大家注意，不要故意模糊一些信息，让函评专家以为是申请人学术上很强，或者把根本就入不了专家法眼的非学术文章、某会议或几个人的小组会议的论文、会议张贴论文都塞到论著之外的 10 项"代表性研究成果和学术奖励"里面。关于论著之外的代表性研究成果和学术奖励，要看清楚模板中的说明："二、论著之外的代表性研究成果和学术奖励（包括专利、会议特邀报告等其他成果和学术奖励，请勿在此处再列论文和专著；合计 10 项以内）"。也不要夸大关系网，比如认识某知名教授，某单位的设备自己可以随便用等。一定要谨慎，否则画蛇添足，得不偿失。

8.3 形式审查自查表（见表 8-1）

表 8-1 形式审查自查表

分类	自查内容	核对
初审被拒冠军榜	（1）单位信息前后不一致，比如"中科院"与"中国科学院" （2）申请人和参与人员身份信息中职称、单位与简历部分不一致 （3）项目执行期限与年度研究计划时间不一致 （4）无专家推荐信，或专家推荐信的内容不全（无博士学位且为中级及以下职称的申请人要提供专家推荐信，要写明专家的职称、工作单位等信息，推荐信中的项目名称要与申请书相同） （5）博士后申请青年科学基金项目、面上项目是根据需要自选年限，但年限前后不统一 （6）申请书缺少主要参与者简历，无学习和工作经历，未填写导师或联系教授姓名 （7）代码选择错误，不属于本学科资助范围	
经费预算	（1）≥10 万元的设备费要进行详细说明，型号、产地、报价、卖方等，必须说明相关性和必要性，可另加附页 （2）不得填写不可预见费、预研费用 （3）电脑、打印机、投影仪、U 盘等通用设备不列入预算，工作站、服务器可列，要提供详细说明，见（1） （4）有单独计量水、电、煤等的仪器设备的可以列预算，如果不能单独计量则预算为 0 （5）差旅、会议、国际合作与交流费，参会人员的交通费、住宿费、注册费以及邀请专家的交通费、住宿费可以预算，会议费仅用于支出组织举办的学术会议 （6）出版、文献、信息传播、知识产权事务费等，不列入通用的操作系统办公软件、日常手机和固话费、网络费和移动上网费以及专利维护费 （7）专家费，高级职称 1500~2400 元/人天（税后），其他职称 900~1500 元/人天（税后） （8）硕士生、博士生、博士后劳务费不设比例限制，但要合理，硕士 300~1500 元/月，博士 800~3000 元/月 （9）如果有合作单位，不管是否要外拨经费，在预算说明中予以说明，合作协议不用提交基金委，但要在依托单位原件备份 （10）只填写直接经费，如果项目获批自动划拨间接经费至依托单位 以上部分请注意，如果项目获批，每项内容只调减，不调增，因此请合理预算	

（续）

分类	自 查 内 容	核对
限项自查	（1）高级职称及以上限申请或负责 2 项，中级及以下职称只能申请或负责 1 项，参与项目数不限。以不同依托单位申请，同样适用该限项（身份证或护照查重） （2）每位申请人同年只能申请 1 项同类型项目，不同名称的联合基金不算同一类型项目 （3）上一年度获得资助的项目，本年度不得作为申请人再申请同一类型的项目 （4）之前连续两年申请面上项目未获资助（含初审被拒）的申请人，当年不得作为申请人申请面上项目 （5）杰出青年科学基金项目和优秀青年科学基金项目申请时不限项，基金委正式接收申请书，决定是否资助时纳入限项 （6）作为申请人和主要参与人同年申请多个项目时，工作时间要合理，不宜超 12 个月 （7）提交正式申请书，请检查水印为"NSFC****"（****表示年份，如 2021），一定注意不能是"草稿" （8）请科研部门注意申请人资格、身份、职称信息等审查	
报告正文部分自查	（1）不涉密，不删除正文撰写提纲里蓝色字体的任何内容 （2）根据提纲给出的序号填写各项内容，不得缺少，不得删减 （3）参考文献列出全部作者、题名、期刊名（出版社，会议名）、年、卷、期、起止页码，格式可见参与人简历给出的范例 （4）正在承担的项目情况，明确说明与本项目的关系，切忌内容有重复或部分重复 （5）如果所申请项目的相关研究内容已通过其他渠道获得资助，务必说明受资助情况，与本次申请项目之间的区别和联系。切忌同一研究内容在不同机构或部门申请，2021 年开始《指南》中部分学部已经将该行为列为学术不端行为 （6）已结题项目，按要求填写，如果与所申请项目类似或是所申请项目的延续，必须说明两者之间的关系（不是简单延续或部分重复），否则会被认为重复申请 （7）切记：投稿期间的期刊论文、会议论文不要列出，未正式出版的专著不要列出，未公布的奖项不要列出，未授权的专利不要列出，接收的论文如果已经在网上挂出，有 DOI 号的可以列。如果要反映该部分内容，可以在"研究基础"中予以说明 （8）切记：申请人和参与人代表性论著的作者排名和标注要实事求是，不清楚时可以按得利最小处理，比如不清楚自己是不是共同第一作者或共同通讯作者，就按一般贡献的作者。事涉学术诚信，不可不谨慎！	

（续）

分类	自查内容	核对
参与人员	（1）境外参与人员只能以个人名义参与项目，参与人姓名、单位、职称信息、全中文或全英文必须前后一致。必须有知情同意函，可以通过邮寄、传真、邮件的形式，最后扫描作为附件上传至申报系统 （2）只要有非申请人依托单位的参与人员（包括研究生），即可视为有合作单位，合作单位非在基金委注册的依托单位，需加盖该法人单位公章，注意合作单位名要写全称并与公章名称一致，比如单位为清华大学，不要写"清华大学生命科学学院"	
附件	（1）5篇以内代表性论著（可以少于5篇，面上项目、地区科学基金项目、青年科学基金项目无发表年限要求） （2）无博士学位也无高级职称的申请人，提交2份同行高级职称专家推荐信，必须注明专家的单位、职称和专业 （3）在职研究生（含已经为高级及以上职称的研究生），提交导师同意函，说明学位论文与申请项目之间的关系，保证工作时间和条件 （4）非全职聘用的境内外人员需将人事处聘用合同复印件上传至申报系统	

8.4　申请书逐页形式自查

1. 封面

（1）申请代码：选择到二级代码，字母后四位数字。

（2）亚类说明与附注说明：青年科学基金项目、面上项目不填写。

（3）重点项目、联合基金等项目根据《指南》填写。

2. 基本信息页

（1）学位和职称信息：非博士学位且非高级职称，须附件上传2名高级职称专家推荐信。

（2）申请人工作时间：面上项目、地区科学基金项目、青年科学基金项目不低于6个月，杰出青年科学基金项目、优秀青年科学基金项目最低9个月。

（3）合作研究单位信息：青年科学基金项目、优秀青年科学基金项目、杰出青年科学基金项目等人才项目没有合作单位；面上、重点项目合作单位不超过 2 个，如有合作单位，应在计划书提交前签订合作协议（合同），并在预算说明书中对合作研究外拨资金进行单独说明。不外拨资金可以不用签订协议（合同），并在预算说明中予以说明。

（4）附注说明：重点项目等项目根据《指南》填写，不同学部要求不同。

（5）申请代码：第一个代码、关键词、研究方向一定要和自己的研究密切相关。

（6）研究期限：一定要注意起始和结束时间，尤其注意研究计划中的起始时间和结束时间。

（7）申请直接费用：一般青年科学基金项目、优秀青年科学基金项目是定额申请，分别为 30 万元和 200 万元，面上项目通常平均为 60 万元。

3. 科学问题属性

申请项目具有多重科学问题属性的，应当选择最相符、最侧重、最能体现申请项目特点的一类科学问题属性。基金委科学处将根据申请人所选择的科学问题属性组织评审专家进行分类评审。

4. 中英文摘要页

（1）中文摘要：400 字以内，含标点符号，打印后请注意表格框里是否全部显示。

（2）英文摘要：4000 字符以内，含标点符号，打印后请注意表格框里是否全部显示。

5. 预算说明书

每年的预算政策可能有所不同，请关注当年《指南》。

6. 报告正文

（1）参照模板提供的提纲进行撰写，请勿删除或改动提纲标题及括号内的文字。

（2）正文可考虑使用宋体字，1.25 倍行距。

（3）立项依据要附主要参考文献目录，每篇文献作者一定要全部列出。

（4）本项目的特色与创新之处，建议不超过 3 个创新点。

（5）年度研究计划，严格与申报项目类型的起始时间和结束时间相对应，尤其要注意如果用上年未获批的申请书一定要修改年度研究计划的起止时间。

（6）预期研究结果：成果数量、学生培养，应与经费预算说明中的论文版面费、专利费、劳务费等数据相关联。

（7）工作条件：可以合理利用依托单位、合作单位以及其他单位向社会公开的分析测试仪器、设备作为工作条件的支撑，实事求是，不夸大。

（8）正在承担的与本项目相关的科研项目情况：如实填写，如果没有，填写"无"。

（9）完成国家自然科学基金项目情况：如实填写，如果没有，填写"无"。其他以此类推。

7. 申请人简历

（1）如果是在职研究生，必须附件上传导师同意函。

（2）申请人或参与人简历中研究生导师或者博士后联系教授姓名要如实填写。

（3）教育和工作经历按时间倒序给出。

（4）代表性论著及其他成果，严格按照要求填写，不得篡改署名、不得改变排名顺序、不得标注虚假第一作者和通讯作者信息。基金委严格采取诚信问题一票否决制，务必重视科研诚信。

8. 附件

需要注意如下事项：

（1）不具备高级职称且不具有博士学位的申请人，需要上传 2 名高级职称专家推荐信。

（2）在职研究生需要导师同意函，说明项目与学位论文的关系，保证申请人的工作时间及试验条件等。

（3）境外参与人要有知情同意函。

（4）有的项目需要提供科研伦理与科技安全相关材料。

（5）申报管理学部项目，如果申请人已获得过国家社科基金且已经结题的其他项目，必须上传加盖依托单位公章的国家社会科学基金结项证书复印件。

（6）国际合作项目，需要上传双方签字的合作协议书、境外参与人个人简历。

（7）上传 5 篇以内申请人本人发表的与项目相关的代表性论文首页电子版文件；如上传专著，只提供著作封面、摘要、目录、版权页等。

（8）上传科技奖励时，提供国家级、省部级奖励证书的电子版扫描件。

（9）上传专利或其他公认的突出的创造性成果或成绩时，应提供证明材料的电子版扫描件。

（10）在国际学术会议上做大会报告、特邀报告，应提供邀请信或通知的电子版扫描件。

9. 签字盖章页

（1）项目获批后，将申请书的纸质签字盖章页装订在《项目计划书》之后，一并提交。

（2）申请人和参与人用工整字体亲笔签字。

（3）签字盖章信息与电子版申请书保持一致。

10. 单位科研诚信承诺书

（1）项目获批后，将申请书的纸质盖章页装订在《项目计划书》之后，一并提交。

（2）签字盖章信息与电子版申请书保持一致。

第9章 其他项目

9.1 重点项目的答辩

写重点项目时必须要看"重点项目指南",不仅要看,而且要很仔细地琢磨,否则只能是"重在参与"了。

通常情况下,"重点项目指南"里有规定的研究范围及研究方向,而且还有具体的要求。虽然说面上项目也有指南,但是很多情况下申请人都很少看。这里建议刚接触自然科学基金的申请人,第一次申请时仔细阅读当年的《指南》。重点项目的申请与之类似,不仅第一次申请时必须仔细阅读《指南》,之后的申请也要仔细阅读,以免有变化而不知道。重点项目最终的获批还要参考国家需求和各个学科分配的指标。

能到申报重点项目这个层次,基本上都是身经百战的老兵了,如何从面上攀升到重点项目的角逐应该自己心里有数。重点项目动辄几家单位联合申请,动静比较大,如果抱着重在参与的想法就太浪费了,因为不仅是自己课题组和单位有付出,还得考虑其他几家合作单位的劳动。毕竟,大家可都是目标明确、志在必得,既然干就得干出结果才行。

作为重点项目的申请,申请书的撰写质量一般不会有大的问题。相反,如果哪家的重点项目在申请书撰写这块出现问题,肯定会对其他几家单位产生负面影响。申请书撰写质量好，只是能通过函评而已，之后还得过答辩关，因此重点项目能否最终获批，答辩的质量就成为关键。

相信大多数情况下，参加答辩的申请人基本上都是身着正装，精神饱满，眼神、肢体语言、语速、语调无不透露着自信，如果再加上口才好，那基本上就没啥问题了。因此一定要注意台上答辩人的印象分、形象分、PPT 的排版分以及临场发挥分等。这样的话，口才好的绝对占优势。

9.2　人才项目还是以人为本

申请书评审，其实评的是人，所以要做事儿，就得先做人。这一点如果想明白了，可能比发一篇影响因子高的论文还管用。

人才类项目是对人的评价，相对而言，拟开展的研究工作是次要的，只是在答辩阶段，如果发生两位申请人难分高下的情况时，才会作为最终比较的因素。为此，申请书中要注意以下几点：

（1）实事求是地描述自己，要突出重点，不要"韩信点兵，多多益善"。只要突出三、四方面的主要成果就足够了，涉及面太宽不一定有利。

从这点上考虑，很多青年科学基金项目的申请人设计的研究内容，贪多求全，一个重点项目做起来都绰绰有余。甚至还有些申请人在申请项目时，唯恐函评专家不知道自己的决心，正常的学术交流、研究生助研费都不敢预算，拿到资助时才发现不能调整了！

（2）一定要突出以自己为主的工作，不要把导师、合作者成果的帽子戴到自己头上。

人才类项目申请时可能包含多年的研究工作，如果研究工作都集中在同一方向还比较好办，如果分散在不同领域，一定要把最有影响力的研究成果列上，不重要的尽可能不反映，以免喧宾夺主，减弱了自己的影响力。

有许多年轻学者在选择研究成果时，这个也舍不得，那个也舍不得，觉得都很重要，往往是呈现得越多，越达不到想要的效果，有时候还会起反作用。很多函评专家具有多年练就的"火眼金睛"，一眼就能看穿申请人的想法，所以有舍才有得，要干脆，不宜拖泥带水。

（3）切忌不要拼论文和成果的数量，要突出水平和质量。发表多少篇论文、被引用多少次都不是最重要的，而有明确评价才有意义，如果单篇论文大量被引也可突出介绍。

（4）研究成果重要性和水平的介绍最好通过第三方来呈现，不要自己给自己评价，尽量不要用"首创"之类的词。

第三方评价包括引用中的文字内容（正面的），而不是参考文献中罗列的论文的次数；刊物评审人对接收的论文的赞誉也很有说服力；被国际会议邀请做大会特约报告等也可以突出介绍。

有时候年轻学者把一些会议张贴论文也当作代表性成果，这是把会议张贴论文和会议特邀报告的邀请函弄混了。因此如何积累第三方对自己成果的评价，平时需要多留心。

（5）反映自己研究成果水准的内容可以用黑体字，也可以用下划线突出呈现，来引起函评专家的重视，尽量避免让专家在申请书中去找突出成果。

从这里就可以看出摘要的重要性了，摘要中包括研究背景与研究意义、存在的问题、申请人准备怎么干、对应的研究内容是什么、科学问题是什么、解决后对学科发展有什么影响等。如果摘要写不好，专家就得去找，最后才能给出评审意见。

至于拟开展研究工作的叙述可以稍微宏观一点，因为一旦获得资助，要开展的工作往往变动会比较大，计划要做的已经不是那么重要，或者不那么前沿了。所以真正要开展研究工作时，就得要研究更前沿、更有新意的工作。由此看来，申请时在已有的工作基础上往前一步就足够了，不必过于详细叙述，以免出现一些不必要的问题。

9.3 "两青"的答辩

申请优秀青年科学基金项目、杰出青年科学基金项目的申请人，如果能通过函评，进入答辩环节的话，应该是领域内的佼佼者，至少在自己依托单位是很优秀的。参加答辩的委员有本领域的专家，也有非本领域的专家，答辩时既要让非本领域内的专家听明白，也要让本领域内的专家觉得水平高，不是那么容易的。答辩时需要注意以下几点。

（1）口才好绝对占优势，这不是一天两天能练成的。

（2）对于合作的研究成果，需要注意说清楚自己的贡献，如果说不清楚，估计很悬。

（3）要让非本领域专家听明白，就得言简意赅地说明背景和意义，切忌占用篇幅太多，否则没有时间让本领域专家了解自己的工作。

（4）适当地呈现自己的研究工作，太谦虚会被认为不自信，过于夸大可能适得其反，需要把握合适的度。

（5）通常在参加答辩的人水平都差不多的情况下，如果答辩人在答辩时和评委有眼神的交流，一般能收到比较好的效果。这需要在平时演讲或者上课时多注意训练和听众进行眼神交流。

相信进入答辩环节的申请人在课题组、学院和学校等各级部门都做了充分的准备和演练，不管是线上答辩，还是线下答辩，或者是线上线下结合，建议申请人要多演练，尤其是线上答辩时，要提前做好各种突发事故的准备，以免在本来就很紧张的情况下出现设备或者网络故障让自己更紧张，从而影响发挥导致错失良机。

9.4 基金评审时同等条件下是否会侧重小单位或者边远地区？

有申请人问，在同等条件下评审专家是否会侧重小单位或者边远地区的申请书？这个问题不好回答，原因如下：

（1）什么是同等条件？概念很模糊。在施行代表作制度之前，看发表的论文数量、获得授权的专利有多少项、曾经承担的项目数，即便是有同等数量的论文和专利，也很难说是同等条件，甚至有人还建议看影响因子等。这些好像都不客观。

评申请书的创新性、对科学问题的把握，不是按论文的影响因子给申请书排队。现在执行的是代表作制度，每位申请人自己挑选 5 篇代表性论著，大家都一样，那函评专家怎么判断谁更优？以什么为标准？反正现在不看影响因子了。因此对于"同等条件"的界定好像没有依据。

有类似的问题，同等条件下，适当向年轻人倾斜、适当向副高职称者或者向讲师倾斜、适当向硕士倾斜。这样的话，申请书没法评了！"同等条件"本身就没有标准。所以还是把申请书写好，这是获得资助的基础。

（2）是不是要适当向边远地区倾斜？首先，要向扎根边远地区的学者们致敬。不管是什么原因，客观上他们确实为边远地区的教育和科研事业做出了贡献；其次，大家也很清楚，边远地区的科研条件和研究基础薄弱，能做出成绩来确实不容易；再次，边远地区意味着经济不如沿海地区发达，薪酬待遇没法和发达地区相比，可能更看重于通过职称的提升来增加收入。

其实基金委已经考虑到了上述因素，为了支持边远地区基础研究的发展，设立了地区科学基金，以此作为平衡。所以边远地区的学者可以申请地区科学基金，通过地区科学基金的资助，同样可以解决研究经费的问题。

（3）对于小单位的申请书是否要予以倾斜？小单位的科研氛围可能并不浓厚，能做出有特色的研究成果确实不容易。不管身在何处，做什么事情，肯定要考虑自身条件和环境条件，根据自己的专业特长选择自己的研究方向，提出自己的研究课题。因此大单位有大单位的优势，小单位有小单位的好处。大单位经费充足，平台好，有团队优势；小单位通常会在特色和特长这方面做文章。由此可知，单位的大小不是函评专家考虑的问题。

鉴于以上分析，函评专家在评审的时候，会按照基金委的评议要点进行评审。在评审过程中对一份申请书的意见会受专家自己的学习教育经历、工作经历以及学术成长经历的影响，做出自己的判断，从拿到的一组申请书中选择自己认为值得资助的申请人，这是谁都不能否认的。

如果申请书所反映出来的思路和想法、科学问题、研究内容、研究基础等，能让函评专家认同，函评专家可能更愿意推荐优先资助。

但是在会评期间，如果两份申请书的排序挨着，可能会适当考虑小单位和边远地区的申请人。

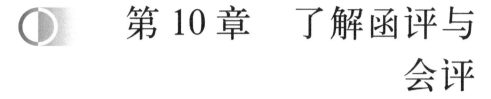

第 10 章 了解函评与会评

10.1 函评之后上会标准的计算方法

记得在 2014 年的时候有位教授在博文中发过这个内容，之后每年都出现有关这方面的内容，基本上大同小异。以下对函评之后上会的标准计算方法进行说明。虽然说的是标准计算方法，因学部不同，学科不同，计算方法的细节可能稍有不同，但是万变不离其宗。函评阶段成绩越高的申请书，越容易进入会议评审阶段（也就是常说的会评），最终获批的机会就越大。

通常一份面上项目、青年科学基金项目、地区科学基金项目的申请书会有 3~5 位函评专家。据大多数申请人反映，青年科学基金项目的申请书会有 3 位函评专家，地区科学基金项目和面上项目则是 5 位函评专家（有些学部的面上和地区项目是 3 位函评专家）。由于每年都有刚入职的年轻学者加入，所以竞争的激烈程度一年胜似一年。如果有一位函评专家给出成绩为 C，在计算上会分值的时候会明显拉低总分值，如果打分为 D 就更不用说了，肯定是上不了会的。

首先，看看函评打分的情况，面上项目、青年科学基金项目、地区科学基金项目三种项目的打分表差不多，如图 10-1 所示。

熟悉程度：A 熟悉，B 较熟悉，C 不熟悉

综合评价：A 优，B 良，C 中，D 差

资助意见：A 优先资助，B 可资助，C 不予资助

一、请针对创新点详细评述申请项目的创新性、科学价值以及对相关领域的潜在影响。

二、请结合申请项目的研究方案与申请人的研究基础评述项目的可行性。

三、其他建议。

图 10-1　面上项目、青年科学基金项目、地区科学基金项目打分表

从图 10-1 可知，函评意见分为综合评价和资助意见两部分。

1. 综合评价

综合评价部分也就是官方发给申请人申请结果邮件里的 3~5 份函评意见。通常，申请人只能看到具体的函评意见，但是不会看到 A、B、C、D 的打分。因此经常让申请人感到很困惑，为什么每份函评意见都没有极负面的意见，怎么没能上会呢？这可能是函评专家为了不打击申请人的积极性，通常会肯定申请书的创新性，肯定申请人的研究基础，但是总体上该份申请书没有突出之处，尤其是在函评专家拿到的一组申请书里，该申请书的水平相对不高的情况下，评分会低一些。函评专家如果确实不认可一份申请书的创新性或者可行性时，即便该申请人有雄厚的研究基础也不行；有时候也存在创新性、可行性还可以，但没有研究基础的情况。所以这里再次提醒大家，对于未获批的申请书，要仔细分析专家的意见是否合理，申请书的质量是否还有上升的空间，不要去猜测是 A 还是 B。

2. 资助意见

这里包含了"综合评价"里没有负面意见，但还是不予资助的情况。如果函评专家觉得确实难以取舍，有的申请书虽然一般但还有可取之处，有时候会在函评意见里说一句：在可能的情况下建议小额资助。像这种申请书一般综合评价为 B，不会是 C 或者 D。资助意见里只有优先资助、可资助和不予资助，没有"小额资助"。虽然函评意见里极力褒扬，但是如果综合评价部分没有给 A，即使资助意见里给了可资助，也不一定能上会。

由此可知，一份申请书能否上会主要取决于综合评价和资助意见。通常会把 3~5 位函评专家的综合评价及资助意见汇总起来评分，来决定一份申请书是否上会，进入第三阶段（前两个阶段分别是初审和函评）。清楚了函评意见和打分的详情后，下面介绍上会的标准计算方法。

（1）综合评分的计算。计算时，给综合评价部分的 A、B、C、D 分别赋予不同的分值，通常情况下，A 对应 4 分，B 对应 3 分，C 对应 2 分，D 对应 1 分。所以综合评分的计算式是

$$综合评分 = (4n_A + 3n_B + 2n_C + 1n_D)/函评的份数$$

式中　n_A、n_B、n_C、n_D——分别为得 A、B、C、D 的份数。

综合评分的满分为 4 分。

（2）资助意见分值的计算。计算时，资助意见部分的优先资助对应 4 分，可资助对应 2 分，不予资助则不计分（有些学科可能是优先资助对应 5 分，可资助对应 3 分，或者还有其他分值）。所以资助意见分值的计算式是

$$资助意见分值 = (4n_Y + 2n_K)/函评的份数$$

式中　n_Y、n_K——分别为获得优先资助和可资助的份数。

资助意见分值的满分为 4 分。

由以上可知，一份申请书经过函评之后，上会标准的计算式为

上会标准＝综合评分＋资助意见分值

$$= (4n_A + 3n_B + 2n_C + 1n_D)/函评的份数 + (4n_Y + 2n_K)/函评的份数$$

上会标准的满分为8分。

以下是根据函评意见里的综合评价及资助意见，通过上会标准计算方法得出的各种可能的上会标准分值。表10-1为每份申请书有5位函评专家评审时的面上项目和地区科学基金项目上会标准分值；表10-2为每份申请书有3位函评专家评审时的青年科学基金项目上会标准分值，如果某学科青年科学基金项目的函评专家为5位，则参照表10-1即可。

表10-1 面上项目和地区科学基金项目上会标准分值

面上和地区项目	综合评分	资助建议	上会与否
5A	4.0	4.0	上会，无特殊情况会通过
4A+1B	3.8	3.6	
4A+1C	3.6	3.2	
3A+2B	3.6	3.2	
3A+1B+1C	3.4	2.8	需要讨论，会有通不过的可能
2A+3B	3.4	2.8	
1A+4B	3.2	2.4	
5B	3.0	2.0	
2A+2B+1C	3.2	2.4	
1A+2B+2C	2.8	1.6	不上会
3B+2C	2.6	1.8	

表10-2 青年科学基金项目上会标准分值

青年科学基金项目	综合评分	资助建议	上会与否
3A	4	4	上会，无特殊情况会通过
2A+1B	3.67	3.33	
2A+1C	3.33	2.67	
1A+2B	3.33	2.67	

（续）

青年科学基金项目	综合评分	资助建议	上会与否
1A+1B+1C	3.00	2.00	需要讨论，会有通不过的可能
3B	3.00	2.00	
2B+1C	2.67	1.33	通过讨论，可能会有少量上会
1B+2C	1.33	2.00	

　　表格中的"无特殊情况会通过"是什么意思？通常诚信问题会一票否决；有些申请人同年申请不同类型的项目，比如青年科学基金项目和面上项目或者青年科学基金项目和地区科学基金项目同时申请，这时候科学处会加注予以说明，有可能会同时资助，也有可能会资助其中一个项目；还有同年申请杰出青年科学基金项目和面上项目或地区科学基金项目，或者优秀青年科学基金项目和面上项目或地区科学基金项目，会评专家可能会收到科学处的加注，一般都倾向于就大舍小。

　　以上是评分及上会标准分值计算标准，可见应尽可能多地争取 A。

10.2 "5A"被评下去了

　　大家觉得会评很神秘，主要是大家对会评不了解，因为不了解，才会有许多未加考证的传言，越来越添油加醋，最后成为谣言，这对自然基金声誉的伤害是很大的。部分申请人屡次申请不能获批，可能会相信这些谣言，而不认为是自己存在不足，从而放弃了自我提升。

　　比如有学者反映，申请书提交前经过本单位聘请的专家看过，都说很好，但最后没有获批。是不是遇到黑幕了？其实很简单，单位请的专家，有的由于不熟悉申请书所涉及的专业，提供不了有价值的意见；有的直接提了一些让人没办法修改的问题。某个专业方向在依托单位里可能只有几个人懂，互相提升已经到了"天花板"，只能找外单位的专家看。如果提一大堆问题，写申请书的人不一定认可，而且对于一份申请书来说，要改好的话几乎需要重新写一遍，所以外请的专家一般只说还可以，然后泛泛提一些意见。大家想想，自己的申请几年都未获批，人家看看就能修改好，然后就能获批，这是不可能的事情。所以外请的专家只能说很好，今年希望很大。如果信了，就是自己骗自己。

前几年有人反映，有申请人拿到了两个项目，题目都差不多，肯定有内幕。经查证，是该申请人申请的重点项目获批了，依托单位把这个重点项目和里面的子课题按该申请人拿到两个单独的项目予以公布。很多人不明就里，遂以讹传讹，最后经依托单位解释才化解了这个质疑。

同样，有传言5A分值的申请书在会评期间被拒。有些人每年于会评前后都要在互联网平台上发这种消息，给申请人造成会评很黑的印象，实际情况并非如此。众目睽睽之下，要把一个5A的申请书拿下，没有真凭实据，谁也不敢这么做。经常遇到的情形如上节所说，诚信问题一票否决。还有就是很多优秀的申请人当年申请了不同类型的项目（相关规定可以查阅《指南》），比如重点项目+面上项目/地区科学基金项目，杰出青年科学基金项目/优秀青年科学基金项目+面上项目/地区科学基金项目，只要是在限项范围之内，当年可以申请不同类型的项目。如果运气很好，重点项目或者人才项目获批了，一般会选择放弃面上项目/地区科学基金项目；从另一方面来说，即使大的项目没有拿到，如果面上项目/地区科学基金函评结果可以的话，也是有可能获批的。

还有人传言申请书送到申请人的导师课题组了。这种事情在以前人工指派函评任务的时候可能会出现，但是现在很难发生这样的事情。每年初审时要求申请人在简历部分给出硕士、博士期间的导师和博士后期间的联系教授姓名，这样做的目的就是方便智能指派系统提取导师和导师单位信息，作为智能指派规避利益相关方的策略。在这种情况下，不会再发生把申请书指派给申请人博士毕业学校，更别提送到导师课题组这么大一个漏洞了。

还有一种说法，就是在会评期间"捞人"。其实，如果排序不是很靠后，一份申请的上和下是在正常的会评讨论范围之内，不存在什么捞不捞的问题。对于排序很靠后，要改变顺序是很难的，需要有人力挺，还需要两个会评专家签字说明情况，并准备回答会场纪检组的质疑，估计没有人为了某份申请书去惹这么大的麻烦。

不是不允许怀疑，但是应该动脑筋去思考一下，不实的传言显而易见是在侮辱大家智商。国家自然科学基金的公平性和公正性是学术界公认的，不能因为有80%多的申请未能获批而对此失去信心。

10.3 函评时有 C 能否上会并通过？

每年都有得 C 的申请书上会，有的最终也获得了资助。对一份申请书的综合评价有 A、B、C、D 四个档次。通常来讲，只要申请书不是特别差，一般不会给 D，这主要看函评专家的容忍度。如果出于不打击申请人的积极性考虑，给 C 的可能性比较大一些。

如果一位函评专家给了 C，另外两位函评专家十分认可申请书的"研究基础"和"可行性分析"，而且都给了 A，那么这份申请书很有可能上会，得分也会比较高。C 和 A 的加权分值不同（综合评价部分）；另外，还得考虑是否予以资助（资助意见部分）。两部分的分值相加，才能得出最终的分值，通过这个分值决定该申请书是否能上会，同时也能看出该申请书在上会的申请书中所处的位置。

根据 10.1 节给出的上会标准计算方法，一份申请书综合评价部分得 A 的话为 4 分，C 是 2 分，从这里就差了 2 分；一般得 A 通常会是优先资助（4 分），至少也是可资助（2 分），而 C 一般是不资助（0 分），所以这里最大就差了 4 分，最少也会差 2 分。两部分成绩合起来就差了 4~6 分，这样的差距是很大的。

不管是 3 个函评还是 5 个函评，从一个函评专家那里的得分就可以相差 4~6 分，如果几位函评专家的看法差不多，那么这份申请就此止步，宣告结束。但是，一个 C 不代表什么，如果其他函评专家都十分认可给了 A，也同意优先资助，那么上会总分还是很高的，所以上会并获批的可能性还是有的。

上会的申请书会按排名分档，各学科的分法不同，有的分为 A 类和 B 类两档，有的分为前、中、后三档。上会的申请书数量一般按获批名额的 130%~150%（各学科取值不同，一般取 130% 左右）计算，本书按 150% 来讨论，分为前 50%、后 50% 和中间 50% 三档。排序越靠后，想要获批就越难。

几份申请书如果出现了得分相同的情况怎么办？这就是会评时要讨论的问题了，会评专家会对两份申请书予以讨论。讨论什么呢？可能会对申请书的函评意见进行分析，里面稍有负面的意见，比如错别字太多、态度不端正、创新性差强人意、可行性没分析到位、参考文献格式有问题、成果标注得不是很清楚等，这时候这些小问题就显得尤为重要。若没有这些问题，那就看申请人的依托单位、导师、平台、硬件基础等，甚至申请人是不是会评专家们所熟悉的都有可能起到决定性的作用。

另外，还有一点需要注意，一份申请书能否通过会评从而最终获批与其排位有关。尽量进入前 50%，最差也得进入中间的 50%，这样的话还有争取的可能。当然这个争取申请人自己是把握不了的，只能看会评时的讨论了。

10.4 什么样的评审容易上黑名单？

为了进一步提升自然科学基金项目评审的可信度和公正性，基金委一些学科参与了"负责任、讲信誉、计贡献"（RCC）评审机制试点工作，拟采集申请人对通讯评审专家（即函评专家）意见的评价信息。申请人在阅读函评专家评审意见的同时，对评审意见进行评价。分值 4、3、2、1 分别对应评审意见对自己"很有帮助""有帮助""帮助不大"和"没有帮助"，如果您没有选择具体分值，系统则默认为 4 分。

由此可知，基金委一直在为公平公正的基金评审而努力，对函评专家的评审行为也是一种制约，防止有些好的项目失去了宝贵的资助机会。

综上，基金申请和评审是学术和科研工作中一件很严肃的事情，所以一定要好好写、好好评。

有些年轻函评专家反映，每年评审申请书的时候，反反复复阅读很多遍，仔细揣摩申请人的研究方案和可行性，对代表性论著都给予了极大关注，有的还在数据库里找出文章仔细阅读。但是近两年竟然收不到指派的任务，是不是被申请人投诉了，上了基金委的黑名单？这种情况有以下几种可能。

（1）这两年基金委的改革力度很大，要随时关注基金委的通知信息。比如从 2015 年开始，为了大力推行计算机智能指派函评任务，选择函评专家，在关键词和学科代码上做了很多改革，从而适应新时期公平、公正、智能指派的需求，尽量避免人为因素干扰评审结果。所以每年各学部科学处会发邮件给函评专家，要求函评专家根据系统最新关键词和学科代码调整和更新自己的研究方向和关键词。如果专家库里的函评专家没有更新个人申报系统的相关信息，自然不会被计算机智能指派系统搜索到，也就不会收到指派任务。因此需要及时按照各科学处要求及时更新个人信息。

（2）专家库里的专家自己也申请了同类型的自然科学基金，由于计算机智能指派系统的回避策略，因此也不会被指派函评任务。当然，这种回避策略不是绝对的，有些学科本来专家库的专家人数就少，再加上各种回避策略，往往会造成专家不足的现象。所以有时候也会出现同年申请了基金，但是也会收到同类型申请书的函评任务。

大多数情况是专家自己申请了面上基金，但不影响评审青年科学基金项目。很多学者反映同年既是申请人又是函评专家，会存在不公平。这主要是没有弄清楚申请的是哪种类型的基金，评审的又是哪种类型的基金，如果弄清楚了就不会产生误解，并以讹传讹。

（3）还有一种情况，大多数年轻的函评专家，他们刚参加申请书评审工作，如本节开头说的，确实很认真地评审，同时也很认真、很热心地指出了申请书中的不足之处。评审时确实是花费了心思和精力，而问题恰恰就是出在热心上。比如指出申请书中错别字太多，有可能被申请人以"找不出科学问题的毛病，就从鸡毛蒜皮上挑刺"投诉，因此给评审人差评，反映到 RCC 系统，就可能被记录在案，如果被审的几个申请人同时投诉，这个专家很可能就失去评审资格了。再比如，函评专家指出申请人的研究方案不详细，看不出可行性，就可能被申请人以"不看对科学问题的分析，只在研究方案上挑毛病"反映到 RCC 系统。还有，函评意见里有"立项依据看不懂，很多术语交代不清楚"，也会被投诉，理由是函评专家外行，因此给差评。那么，当专家指出排版、参考文献录入格式不统一、不一致时，可能更招申请人的投诉。

（4）对于那些泛泛而谈的函评意见，申请人也不满意，主要意见是对进一步提升申请书的质量作用不大。而专家并没有义务给申请人做指导。所以有些函评专家在写函评意见时会字斟句酌，既不让申请人反感，也能体现出自己的造诣和水平。

对于申请人来说，如果真的有错别字（个别错别字不会有什么问题，大量地出现肯定是不能容忍的），就不要投诉专家了；如果研究方案不详细，那就写详细了。如果有人利用评审之便抄袭被评审人申请书中的项目或者抄袭人家学术思想做研究，一旦被举报并查实，基金委的惩罚力度大家都是有目共睹的。如果因为专家不认可申请书，就投诉这些专家，使其上黑名单，其实最终还是整个申请人群体受损。

10.5 函评之后为什么还要会评?

不同的国家对基金项目的评审有各自的办法和程序。比如，德国基金会（DFG）一般项目只采用函评。方法十分简单，每份申请书发两个专家，如果两位专家都同意就给予资助，都反对就不予资助;如果一位同意，另一位不同意，则再请第三位专家函评，如果该专家同意就资助，该专家不同意，项目就被否决。据德国基金会的一位负责人说"德国的教授都有 DFG 的项目"。

其他国家也有会评的过程，比如美国基金会（NSF）。与我国的差异是他们不事先确定学科资助的项目数，而是先确定资助总经费。然后根据申请项目的优劣，详细讨论每个项目应该资助的经费，有点像财务审计一样。当总经费分完了，排在后面的项目，再好也不给予资助了。

澳大利亚的基金评审则采取同一批申请项目，由同一批同行专家先函评，给出项目的排序。然后，还是这一批专家通过会评，最后确定资助哪些项目，以及每个项目的资助经费额度。他们的函评专家工作量十分大，有时候一位专家会收到一拉杆箱的申请书。估计初审主要是泛读，并给出排序，然后在会评中认真确定该不该资助。当然，多数专家初审认为不予资助的项目，就不会在会上浪费太多时间。

我国的国家自然科学基金项目的评审程序和过程大致分为四个阶段:①形式审查、初审;②函评;③学部评审会（会评）;④委务会终审。

对项目评审影响最大的，可以说是函评和会评。因为形式审查基本上是按《指南》上的规定处理，不会有多大问题。对于委务会的终审，如果在整个评审期间没有出现投诉的情况，对前三步的评审结果一般也不会有太大影响。

由于现在函评的结果是通过计算机打分排序，很多学者对于会评的必要性提出了质疑，认为计算机打分排序就可以了，会评反而会出现不公平，甚至怀疑有的申请人会通过参会专家"走后门"。其实，函评结果的"绝对"可靠性，在一定程度上是比较差的，计算机打分的合理性是值得怀疑的，为此，会评还是很有必要的。

1. 函评存在的问题

如果整个函评是同一批专家，所得到的结果用计算机统计排序，可能具有一定的参考价值。而现在每个学科的函评，基本上是按子学科找专家，并且一份申请书只有3~5位函评专家评审，由于评审的尺度不可能一致，在一起排序，势必会导致差的反而排到良的前面，这才是不公平。

由于每一份申请只有少数专家评审，如果有人通过不合法的途径，与评审专家沟通，使评审结果不合理，这是计算机无法鉴定出来的。当然，学科工作人员凭工作经验，能够发现一部分问题，但由于专业的局限，不可能发现所有问题，因此会评就起到最终把关的作用。

基金项目中有一种被称为"非共识的创新项目"，它们的函评排序不会很高，但这些项目确实需要科学基金来资助，这就需要一些高层次的专家深入讨论予以鉴别。这也是会评的必要性之一。

2. 科学处如何处理函评意见？

由于不同子学科领域的学术水平存在一定差异，不能让学术强的子学科包揽所有资助项目，而使学术弱的子学科得不到基金资助，因此所有学科在提交评审结果给评审会时，不可能简单依据计算机的排序，必须适当照顾所有学科的平衡发展。

不同子学科的评审专家群中，由于各种原因，可能会出现评审不公正的现象，这也是计算机无法解决的。只有依靠各学科工作人员长期细致的工作，才能对函评专家的能力、水平、专业素养和职业操守有所了解，而会评专家对函评专家的相关情况的了解可能比学科工作人员更深入，对上会项目能够给出更为客观的评价，供专家组来判断是否给予资助。

比如，有的函评专家为了保护自己团队申请的项目，凡是涉及自己研究领域的申请项目都给予比较低的评价，而对其他领域项目评审是相对比较公平的。这就是由会评专家发现的现象。

3. 会评专家的作用

首先，会评时有一系列的回避制度，以保证不掺杂不公正的现象。由于会评专家组一般由不同单位、不同子学科专家组成，因此所谓"走后门"的可能性会有所降低。

其次，一般情况下与会专家能得到基金委的信任，他们绝大多数都比较注意自己的诚信度。各学科也努力选择一些在专业和人品方面都值得信赖的专家。即使有个别专家有小动作，也不一定能影响评审结果，而且一旦发现有专家干扰评审会，下一次评审会就不再邀请这位专家了。每一位专家在评审会上的所作所为，不仅受到基金委工作人员的注视，同时也受到其他评审专家的注视，不太可能隐藏不公正的操作，希望大家不要轻信道听途说。如果有证据可以向基金委举报，让不公正现象在阳光下被铲除。

再次，评审会上还会对一些有争议的项目进行讨论，也许专家们不一定能对该项目达成共识，特别是对于其他子学科的专家，可能不完全理解争议的观点，但也会根据讨论的意见做出进一步的判断，而不是仅仅按同行评议的意见得出是否资助该项目的意见。

会评专家，也就是所谓的"大专家"，对国内外动态，特别是国内进展有更多了解，对学科方向的把握相对来说更准确一些。在评审会上，专家通过讨论，在学术深度上进行取舍，函评是不可能做得这么好的。特别对于一些有争议的项目，只有通过充分的学术讨论，资助失误的可能性才会降到最低。

面上项目、青年科学基金项目、地区科学基金项目的讨论只是会评的一项工作，专家们还要讨论科学发展的规划、下一年的重点和重大项目的指南，以及其他与科学基础研究相关的事项。

10.6 了解一下会评专家

首先，会评专家主要是来自各高校和研究所的知名教授、长江学者、杰出青年科学基金项目获批者，甚至个别学科还能邀请到院士参加会评。

其次，由于回避制度，当年申请优秀青年科学基金项目、杰出青年科学基金项目、重点项目、面上项目、地区科学基金项目、青年科学基金项目以及其他类别项目的申请人一般不会被邀请参加会评，从而避免因利益相关而出现的不公平、不公正的会评结果。

再次，还是由于回避制度，一般参加会评的专家，不会参与本单位上会申请书的讨论，这点是毋庸置疑的。

最后，每个学科根据申请规模的大小在依托单位邀请的专家人数不一样。比如一些比较传统的大的学科，在原985高校可能邀请不止一位专家，据往年公布的专家名单来看，通常是两位。从整个基金委来看，一个大的依托单位的各个学院和各个专业被邀请的会评专家的总人数就很多了。

其实每年申请人最关注的是自己是不是上会了，以及上会后是不是通过了。所以每年就有很多人打听各种消息。会评之后很快就能在官网上查询到会评专家名单，一部分消息可能就由此产生。

很多申请人得到有关会评的消息，可能和结果大相径庭，这主要是本单位的或者其他单位的专家不一定能记得每个申请人，可能张冠李戴了。

有一点需要注意的是，会评专家在参会之前都会签署一份保密协议，所有与会信息不得向外披露。现在各行各业的类似会议及活动都有签署保密协议的环节，而且执行力度越来越大。无论早知道，还是晚知道，评审结果都是不会改变的，所以申请人还是耐心等候官方公布结果比较好。

10.7　会评结束为什么不马上公布结果？

感谢网友 honeyxiong 就会评结束为什么不马上公布结果进行的分析和总结。大家都知道从会评结束到官方公布结果，中间通常需要一个月左右的时间。主要是因为会评结束之后还有很多工作要做，基金委一共一百多人，每个处只有几个人，根本忙不过来，每天都在加班，真的很辛苦。会评结束后的工作包括但不限于：

（1）会评中的非共识项目筛选确定，比如 2A+2C、3A+2D 等项目，统计分数时这些非共识项目会存在一些漏洞需要处理，需要设置非共识规则等，预计需要 1 周左右的时间，但是近几年非共识项目几乎销声匿迹了。

（2）非共识项目评选主任基金，即 1~2 年的小额基金。这个评选也要一个过程，预计需要 1 周左右的时间。

（3）委务会审定会评结果、总结会评工作，形成对下一年基金会评工作的改进意见等。各个学部得写稿子、统计数据、做 PPT，预计需要 1 周左右的时间。

（4）申报网站数据上传和更新，至少需要 3 个工作日。

（5）其他不可预知的事项等。

设身处地、换位思考，如果您是基金委里的一线工作人员，持续几个月天天加班到凌晨 3 点，委、部、处各级领导催着，近 30 万的申请人翘首以待，家里还上有老下有小，那是一种什么感觉？所以基金申请结果需要耐心等待。

10.8　没有消息反倒是好消息

自基金委实行会议评审专家公示制度以来，我每年都问大家一句话：公示的会评专家名单里认识几个？有些申请人说："哎，一个都不认识，连名字都没有听过。"也有的申请人说："有几个名字很熟，但是咱认识人家，人家不认识咱。"从这些回答分析，如果申请人一个专家都不认识，自然不会想着去打听，没有消息是正常的，只能耐心等待申请结果；如果申请人熟悉其中几个名字，又急切地想知道一些信息，肯定就会找导师、师兄弟和朋友代为打听信息了。

由于管理越来越严格，对于一些信息的记忆只能依靠与会专家的本能。哪些是记忆的本能呢？熟悉的亲朋、好友、同事、弟子，不认识的和不熟悉的名字肯定记不住；一般只会记住上会的，没有上会的自然不会有记忆；还有的可能只记住通过的，也有可能记住没有通过的，但依旧是不熟悉的名字记不住。由此看来，那些认识与会专家，但专家根本就不认识他的申请人，一般得到的答案是"没有什么印象"。

专家肯定不能说没有上会、没有通过或者通过，谨慎起见就说没有印象了。因为每年都会发生乌龙事件，传来消息说没有看到名字，有的申请人就开始准备下一年的申请了，没想到最后竟收到官方邮件——获批了。

所以，没有消息不代表没上会、没通过，还是有 50% 的机会，希望还是蛮大的。还是继续等待那代表获批的 50%的机会，期待把这个 50%变为 100%吧。

另外，提醒申请人们，干一行，爱一行，行业内有哪些优秀和杰出的同行可以作为自己的奋斗目标，那就努力让自己也成为他们中的一员。如果连自己的研究领域内有谁都不知道，那还怎么做学术、搞科研呢？

10.9 会评专家是怎么会评的？

一直以来，大家对会评到底是怎么评审的不是很清楚，正好在互联网上看到一张相关的截图，应该是某位会评专家的笔记或博文。因为是截图，所以不知道出处，这里把截图的内容转换为文字，并稍作修改，可能有助于读者了解会评，在此感谢这位会评专家的辛勤付出。

（1）要求学科评审组的每位专家审阅全部送审项目的有关材料，包括申请书（现在可能为申请书电子版的 PDF 文件）、同行评议意见和科学处综合意见等，送审项目数为拟批准项目数的 1.2~1.5 倍。

（2）为保证材料的顺利周转，把送审项目按子学科分成 20 余份，存放在评审组组长处供传阅。每份包括 3~4 个项目的送审材料，装入档案袋内。档案袋封面上附有评审组专家名单，专家阅读后会在自己名字后打"√"，表示已阅。

（3）为了便于专家阅读送审材料、记录和讨论，基金委给每位专家准备了一个特殊的记录本。记录本会逐页按投票单的项目顺序列出项目编号、名称、申请人及依托单位、申请经费和同行评议综合情况等。专家可以在每个项目页的空白栏内记录意见、看法和问题。

（4）专家审阅全部送审项目材料后，通过预投票表明自己对每个送审项目的意见。预投票时赞成立项数可以略高于批准项目数。

（5）根据预投票结果制定讨论方案和讨论范围。讨论重点放在那些共识性较低的项目。例如，学科评审组有 11 名成员，预投票时有 9~11 人赞成或反对立项的项目，若无人提出复议可不再讨论。这样在评审会上需要详细讨论的项目仅为送审项目的 1/3 左右。讨论以学术问题为主，只发表个人意见，不要求取得共识，仅作为专家在最终投票时的参考。

（6）按送审项目清单逐项讨论，讨论中要求评审组专家对自己单位的项目及申请人不发表意见或者退场回避。讨论某个评审组专家的申请项目时，专家本人必须回避（现在的情况是如果自己当年申请项目，一般是不会被邀请作为会评专家的）。

（7）考虑到投票结果的分散度，终投时，专家赞成立项的项目数也可以略多于批准数。当半数以上专家赞成的项目数超过拟批准项目数时，将会对赞成票刚过半数的项目重新投票、排队确定取舍，对未能列入资助之列的项目可作为候补项目处理（大家注意，这些项目有可能成为主任基金项目）。

（8）评审会上还要事先确定每位专家负责填写一定数量的项目的评审意见。对这些项目，有关专家须认真记录讨论意见和评审结果，并把评审意见写在项目的综合意见表上，把不资助项目的原因填写在不资助项目通知书上。

10.10 如何看评语？

从函评专家打开申请书开始阅读时起，十几分钟内就可能决定一份申请书的命运，后面花的时间就是在为自己的评判找证据验证而已。函评意见的主要成因如下：

（1）语句不通顺、错别字很多、图片错动或变形幅度太大、段落顺序颠倒、明显看出来某段话没有说完（可能误删了）等。申请人提交时没发现这些问题。即便如此简单的错误，为避免以"不看申请书内容，只在语言上挑毛病，水平太低"为由的投诉，很多专家在评语中并不提，但是这种申请书的命运大多不妙。

（2）对科学问题的认识不深刻。很多专家一看便知科学问题在哪里，但是申请书里绕来绕去就是写不出来。专家没有义务指导申请人，这和学位论文的评审是不一样的，所以经常会看到科学问题提炼不足这样的评语。

（3）如果申请书中有些内容没有说清楚，让函评专家看不明白，那情况就不妙了，因此申请书既要事无巨细，又要简明扼要地说清楚内容。

（4）遇到知名教授的申请书，评审时会很审慎，但如果主笔的水平太差，也会被拒，这也是屡见不鲜的。

（5）时间紧、任务急。很多申请人反映专家没有仔细看申请书，其实申请书里面都有。这也正说明申请书中重点不够突出，没能吸引专家的眼球。

（6）为了平衡申请人的心态，函评意见出现赞誉的时候，真实得分可能比较低。相反，如果函评意见里指出了很多问题，也有可能专家是希望这个申请书通过。如果最终没有获批可能是与其他专家意见不一致，或者是在会评阶段没有通过。由此可知，通过函评意见判断申请书的得分很可能不准。

（7）申请书写得好，专家的评语会"遇强则强"。有经验的函评专家通常会从申请书的"摘要""立项依据""科学问题"以及"研究基础"中复制粘贴几句，重新排列组合稍作修改后作为评语。所以有时候拒绝一个写得不好的申请书，在其上花费的时间胜过 2 份可资助的申请书。

（8）为了避免被投诉，函评专家的真实想法反映在评语上通常很简短。需要申请人仔细揣摩，如果能想透函评专家的评语，申请书质量会显著提升，基金申请获批将指日可待。凡评语中出现"但是""但""建议"

"值得商榷""可能""其实""等"字眼的地方一定要引起注意。

（9）如果看到申请人有好的论文，函评专家会注意留心看申请书写得如何，如果科学问题总结得不错，行云流水，那么得分一般会很高；否则，会让人觉得论文和申请书的撰写还真是不一样。

当然还有很多因素会影响一个申请书的命运，这里根据大家所反映的典型问题，只列举了很少一部分。

Chapter 11

第 11 章　基金项目
为什么这么难？

11.1　基金申请很难

美国知名作家塔勒布在《非对称风险》一书中描述了一个现象：有三种职业的从业者，气象预报员、证券分析师和政治分析师，大家觉得哪种职业的预报或者预测更加准确呢？结果很明显，气象预报员的预测准确率普遍高于证券分析师，而证券分析师的预测准确率又普遍高于政治分析师。这是为什么呢？原因很简单，主要在于三者的可及时验证性逐级降低。如果一个人每天的判断都可以像气象预报一样在第二天即可得到验证，那么这种反馈机制就可以帮助气象预报员摸索出天气变化的规律，从而提高预测的准确性。同时，这种反馈机制还能筛选出不称职的分析师，从而达到优胜劣汰。这说明反馈机制有助于准确预测，有利于提升学习效果。

也就是说，早一些动手撰写申请书的申请人，从当年知道基金结果未获批的次月开始修改，或者开始准备素材、构思和谋篇布局，并开始撰写，一直持续到来年的 3 月初或者 3 月中旬，历时半年，提交之后，耐心等待几乎半年的时间才出结果。在此期间，没有得到及时的反馈，没有机会根据函评意见反复修改或者自辩，即便基金委建立了 RCC 机制，仍旧改变不了既定的结果。

由此可知，自然科学基金之所以很难，是因为每年只有一次机会，而且这次机会的结果是非此即彼，要么获批，要么未获批。无论用多少时间，花多少精力在申请书上，80% 多的申请人仍旧摆脱不了未获批的结果，至少没几个申请人很自信地说自己 100% 能获批。

知道了这个原因，在现行机制下，该怎么做呢？请本单位或外单位有经验的老师帮助审阅申请书，找瑕疵；请自己的导师帮忙总结和提炼科学问题；请课题组的同事、研究生，甚至家人帮忙看申请书，提意见。这么做权当模拟函评，虽然不知道最终的正式结果如何，但是可以从不同的角度获得反馈，也可以帮助申请人打磨申请书，增强信心。

11.2 换个"口子"就能中

20 世纪六七十年代出生的老师都知道，有些同学考大学的时候，理科考了几年一直没考上，然后换成文科，一下就考上了。当时只有百分之十几的升学率，但那时候可能没有想到现在会面临着同样通过率的自然科学基金的申请。

现在仍旧有很多申请人沿用前辈们考大学和基金申请的经验，这个"口子"（学科）总中不了，那就换个"口子"，这样操作之后，每年还真有成功的案例。对于多年不中的申请人，不失为一个不错的选择。经常有人说，换个"口子"就中了，以前真是浪费了很多机会啊。

对于刚入门的申请人，如果足够优秀，就选定一个学科，选定了就不要换，青年科学基金项目、面上项目、优秀青年科学基金项目、杰出青年科学基金项目，一路走来，对申请人来说，实现了自己的科研梦，对这个学科来说,慧眼识珠,培养了一个良才,投入的产出很大。

如何选择学科?申请人一般选择导师所在的学科,选择自己博士论文答辩时那些答辩委员所在的学科,选择自己经常参加学术会议的学科。如无特殊情况,填写申请书时不要选择自己不熟悉的学科,因为这里面的专家教授不熟悉你,不熟悉你的研究工作,可能在函评的时候没有优势。

但是也有很多申请人换了研究方向,就获得了资助,这就要看申请书的质量和如何撰写了。所以没有一个固定的、绝对的办法来提升获批率,只能靠申请人自己下功夫。

经常有年轻老师拿来函评意见让我帮着分析,提修改意见。一般情况下,函评意见中如果没有特别负面的评语,经过修改次年获批的可能性会很大,尤其是那些上会后最终没有获得资助的申请书,仔细按函评意见进行修改,第二年获批的可能性很大。申请书没有得到较好评分,有各方面的原因。比如,申请书自身没有问题,但是在函评专家拿到的一组申请书中不是最好,所以没得到高分;还有可能由于学校、平台、导师、研究基础等因素,或者占优势,或者处于劣势;也有可能,有一些申请人自己已经有在研项目了,函评专家的要求可能会更高,没有达到专家的预期。可能还有其他的种种原因。

本来申请书就已经很好了,只是差了那么一点点运气,在这种情况下,坚持申请就可能如愿以偿。换个学科,可能就碰到赏识自己的专家,如愿获批。

11.3　人走项目来

对于部分申请人来说,内心比较矛盾,一方面是希望获批,另一方面是如果获批了可怎么办呢?

有一些申请人是即将毕业的博士，找工作时大面积撒网，重点则放在一两个心仪的单位上。工作已经谈得差不多的时候，单位里的领导让申请青年科学基金项目，虽然还没报到，但是不能耽误申请项目，更何况，如果运气好，一报到就有项目，顺风顺水、人生得意啊！没有想到，后续推进过程中出现了一些意想不到的事情，又不想去这个单位了；或者联系到了更好的单位。这时候就比较烦心了，人还没有到单位，项目倒是先到单位了。本来是一件须尽欢的、高兴的、快意人生的事情，现在变成了一件麻烦事儿。

还有些申请人在申请书提交以后，由于各种原因需要更换工作单位。在办理调动手续的过程中，有小道消息说申请的项目有希望获批，原单位领导来劝留，能开的口头支票都开了。早知道当时就应该再忍一忍，现在骑虎难下，走也不是，不走也不是。还好不是以博士后申请的，项目可以跟人走；如果以博士后身份申请的，那就更麻烦了，博士后期间申请的青年科学基金项目是不能变更单位的。

还有更烦的，海外优秀青年科学基金项目吸引了大批的海外军团加入申请大军，但是摆在海外申请人面前的可能是更大的烦心事。最开始抱着试试的心态，申请到了就回国，申请不到就继续在外面等待时机，看看行情再说。现在申请书提交了，当时的热血也凉下来了，考虑问题也恢复了理性，真要回国的话，要考虑的实际问题的难度并不比申请基金难度低多少。如果是单身也就罢了，如果是拖家带口的，家里人是否统一了思想？以后家里人的工作、生活以及小孩的学习有没有着落？如果在一线城市，住房怎么解决？项目经费能否支撑自己的研究？自己的职称待遇是什么？能不能带学生？带学生的成本如何？自己以后的发展前途如何？这些都是实际问题。如果是二线三线城市，房子的压力可能会小一些，但是又会有其他方面的问题，比如发展前景相比一线城市可能弱一些。

上面只是说了一些现象，没有给出什么具体的建议。如果把学术和科研比作打游戏,项目其实就是升级打怪时干掉一个敌人后出现的装备而已。在工作中一个项目并不代表什么,还是要从长远考虑,想清楚自己到底应该选择什么,选择好了就坚持做下去,不能患得患失。困难总是能克服的,办法总比困难多。

11.4 大家都知道结果了

九大学部会评结束后,朋友圈和网络平台上大家聊得最多的话题就是是否上会了,上会后是否通过了,有什么小道消息。

这里面有热衷于刷各种网络平台的,每天几十次都不嫌多;有互相打听的,得到只言片语就浮想联翩。越到临近公布之日,越是管不住自己,每天的生活好像就是在刷各种各样的信息中度过的。

最常见的想法是,周围的人都知道了,自己一点儿消息也没有,是不是完了? 其实,这是一种心理现象,每个申请人周围就那么几个人,听到其中一两个有消息,就会想为什么自己没有消息。常见的想法就是,看来自己没有获批,一点儿消息都没有。每年近 30 万的申请量,真正有消息的肯定是少数,就拿获批率 20% 来算,也才五六万,因此绝大多数人在官方公布前是不知道结果的。

有些申请人恨这些传播消息的人,觉得很不公平。公平与否自有公论,而消息不管是早知道,还是晚知道,并不会改变评审的结果,也就是说中与不中已经在那里了,做各种想知道的努力并不能改变结果。因此如果有消息来源就去打听,没有消息来源就耐心地等待官方公布结果。再说了,每年都有乌龙事件发生,如果是没有中,消息说中了,最后官方结果一出来肯定是空欢喜一场;相反,消息说没中,最后官方公布结果说中了,那可真是要欣喜若狂了。所以中与不中的消息,即便知道也是整天惴惴不安。

11.5　海外优秀青年科学基金项目申请人的尴尬

近年来，海外优秀青年科学基金项目的申请量暴增，其关注度也前所未有。海外优秀青年科学基金项目撰写申请书的重点之一是申请人研究方向的独立性和主要合作者的各自贡献，如果在申请书中这两个问题都说不清楚的话，估计很难获得函评专家和会评专家的认可。其实关于"两青"人才项目（杰出青年科学基金项目和优秀青年科学基金项目）在第9章9.2节已经给出相关介绍，这里再强调一下研究方向的独立性和主要合作者的贡献。

研究方向的独立性和合作者的各自贡献在海外优秀青年科学基金项目申请中尤为重要。不管是在国外从事博士后研究，还是攻读博士学位，如果所从事的研究工作不是自己负责或者不是自己申请到的项目，一般都是博士阶段导师或者是联系教授申请到的项目。这时候很有可能是导师或者联系教授的学术思想在研究工作中的体现。也就是大家常说的，只是在指导下进行了实际的实验工作，包括设计实验方案、进行实验、实验数据分析与整理，最后形成学术论文（包括学位论文、期刊论文）。在这里面要说清楚研究方向的独立性是很难的，因为研究方向很难确定。研究方向需要根据导师、课题组的 PI、同事的建议，结合自己专业特长来确定，还需要全面分析自己的理论基础知识和专业知识，以及专业领域的发展前景和市场需求等。一旦定下来就得几年几十年如一日地为之努力耕耘。但是在攻读博士学位阶段，导师很难给研究生确定研究方向，即使是国内的博士（生）在投期刊论文的时候，也是直接把导师的方向或者自己的博士论文的研究工作作为研究方向列在作者简介里。对于博士后来说，可能换一个联系教授，就得换一个方向，但那就不是独立的研究方向了。所以研究方向的独立性很难说得清。

同样的道理,如何体现合作者各自的贡献呢? 如果仅仅说导师是论文的通讯作者,自己是第一作者,那就太"老实"了。在国外学习和工作过的学者都知道,想要做通讯作者,一般情况下是没有可能的,包括作者的排序很有可能自己都做不了主。也不能只说自己做了实验、分析了数据、写了论文,这些换一个人也能做,而且这些工作里还包括了导师提供的实验室、实验设备、经费支持以及最重要的学术思想等,还需要注意诚信问题。既不能太老实,又不能不诚信,因此很尴尬。虽然文章发了不少,但是代表性论著限定为 5 篇。也多亏限定为 5 篇,如果列十几篇、几十篇,每篇都要说清楚自己的贡献,肯定要累晕了。

如实反映自己研究方向的独立性,对所列研究成果中自己的贡献做出合理的解释,确实能考验海外优秀青年科学基金申请人的水平。如果说不清楚,就比较尴尬。也有可能是杞人忧天,也许大家都差不多,谁也不比谁说得更清楚。

11.6 为什么自己的申请书总是不中?

有申请人问,以前给导师前前后后写过几个申请书都获批了,为什么自己申请的时候总是不中? 对于这个问题,其实很多申请人都觉得不是问题,因为申请人不同,尤其是以导师为申请人时,导师的研究基础自然是没得说的,对要解决问题的把握、研究内容的设置和可行性分析以及申请书中的每一项内容来说,虽然申请书不是导师亲自操刀撰写,但是导师的学术积累更能获得函评专家的认可。相反,如果申请人是自己的话,函评专家对申请书的认可度可能会有所降低。

以上只是一般情况,这里要分析的是另一种情况。在以导师为申请人的情况下,撰写人撰写水平和经验可能有不足和瑕疵,但是申请书的结果是中了,由此可能会让撰写人形成一种认知上的偏差,认为自己对申请书各部分的把握已经很好了，从而不再对申请书的撰写和打磨有更高的要求。

为什么这么说呢？有的申请人经过多次青年科学基金项目申请失败，最后终于拿到青年科学基金项目了。有的经过很多次青年科学基金项目的失败，错过了申请年龄，只好跳过青年科学基金项目直接申请面上项目，结果第一次申请面上项目就获批了，而且还不止获批一次，之后的面上项目一个接着一个地获批。有的年轻学者出身名校，有国外求学和工作的经历，也有很好的论文作为支撑，但就是申请不到青年科学基金项目，确实让人很惋惜。这里面有一个申请书撰写经验积累的问题。之前的失败主要原因是申请人在撰写申请书方面还没有入门，而在经年累月的磨炼之后，终于可以"登堂入室"，之后再申请就很容易了。

申请书的撰写，入门很重要。大多数情况下，发第一篇论文是最难的，虽然难，只要发过一篇以后，后面再撰写和投稿就很容易了。申请自然科学基金也是这个道理。

有些申请人第一次申请青年科学基金项目就中了，但是后面多次申请面上项目总是不中，原因和前面分析的差不多。第一次申请就中的，极有可能因为中了而忽略了申请书撰写的一些问题，在申请面上项目的时候可能就暴露出来了，因此导致在面上项目申请时屡次失败。这也就是常说的，有些申请人先慢后快，有些申请人是先快后慢。

这里举一些例子，比如对文献格式问题的讨论，有些申请人特别反感，说"不是要鼓励创新吗，连一个文献格式都不能自由发挥，何谈创新？前些年帮导师写的申请书就没有管格式，不也照样中了？面上项目、重点项目都拿到过。"其实参考文献格式体现不了是否创新，却能体现是否严谨。对错别字的讨论，经过这么多年的引导，大多数申请人终于认可了申请书中不能有很多的错别字。确实不应该因个别错别字就拒绝一个申请书，少数几个错别字不影响一个申请书的命运，但是如果有很多错别字,那肯定是不行的,在标题和摘要中出现错别字就更不应该了,如果因此被拒掉是不冤枉的。记得前几年有位申请人反映,自己当年的申请书用的是前一年未获批申请书的内容,其中研究计划的起始年月忘记改了,因此在初审的时候被拒。由此说明,走得太快,可能真的会忽略一些细节,而有时候恰恰是这些细节决定了一份申请书的命运。

11.7　完成项目也很难

有申请人反映,自然科学基金获批不容易,获批后把项目做好更不容易。因为有些单位根本不重视,不安排人,也不安排实验室,干不出活来。单位原来还有些资源或者费用,现在有了自然科学基金的资助,原来的资源就不给了。既然有国家项目经费支持,那就把本单位的资源给其他人员吧。这就导致项目做起来,什么资源都没有,只好一有时间就去博士毕业的学校找导师,在导师那里蹭设备,让小师弟、小师妹们帮忙做实验。

因此不是获得自然科学基金项目后就一切顺利了,其实环境可能更恶劣,所以有的申请人拿到项目后反倒觉得没有拿到可能更好。在原单位待不下去了,然后就想跳槽,重新找东家。好说话的单位能放行;不好说话的单位,人走项目留下,甚至经费的使用权都没有了,后面还得要干活儿,要结题。

另外,建议年轻的研究人员不但要在学术上努力钻研,还要维护好两个"圈子"的人际关系。

(1)在职场圈,要维护好上下级关系和同事之间的关系,在一个关系融洽、氛围和谐的环境里工作,更容易争取到资源,让自己愉快、安心地完成科研项目。

（2）在学术圈，一定要和导师搞好关系。一方面，尊师重道是我们的传统道德；另一方面，工作中遇到困难去请教导师，可以得到很大的帮助。

综上所述，拿到项目自然是高兴的事情，但也可能会带来后续的烦恼；没有拿到也未必是坏事情，不用沮丧。

第 12 章　提升自己的学术能力和水平

Chapter 12

12.1　科研能力包括什么？

对于怎么样才算有科研能力这个问题，不同的人有不同的答案，甚至有些人觉得还是考试好，不用花心思，只要把知识点掌握了，随便怎么考，都能取得好成绩。

有些研究生反映，导师就给了一个题目，然后推荐了几篇文章，让讲讲收获，或者谈谈想法，但是自己看来看去，也没有看出一个什么来，既没收获，也没想法。

博士毕业了，离开导师自己另起炉灶，开始独立做科研了，一直不知道自己该干什么，发的文章也是博士期间做的研究。虽然论文不少，但是真要说提出自己的想法，或者解决本领域尚未解决的问题，实在是没有什么思路。

怎样才算是有科研能力？

能力这种东西，看不见摸不着，很难判断。比如，发了很多文章，申请了几项专利，申请到了基金资助或者和企业联合做了几个项目，就能说明科研能力很强吗？好像没有人会这么认为。能力是很多因素的综合，这里面还要有一个实践的过程，学好专业基础知识就能解决现场的工程问题吗？答案是否定的，没有一定的实践和积累肯定不行。

虽然说能力这种东西不好说，但是还是有迹可循的，有一些最基本的可以罗列出来，供大家参考。

首先，作为年轻学者或者研究生，除了基础课之外，自己的专业基础课和专业课的基本知识应该掌握；能设计实验、实施实验以及根据所学的知识对实验结果进行合理的分析并得出正确的结论。除此之外，还应该具备以下几个条件。

（1）各种软件的使用，如 office 软件、绘图软件、社交软件等常用的软件。

（2）社交技能，能与同事、同学、导师等建立良好的人际关系。

（3）获得各种各样的证书，比如学位证、毕业证、资格证以及各种奖励和荣誉证书等。

其次，既然选择学术和科研作为自己的职业，就必须遵守学术界公认的一些行为规范，比如职业道德、学术诚信，要有学者的底线等。除此之外，还包含什么呢？

（1）有效的交流和沟通技能，包括书面交流和口头交流。如何把自己的学术思想和想法推销给同行，让同行同意自己的想法并从不同渠道获得资助。这个说起来容易做起来真是太难了，只能平时多看书，多向周围优秀的同事和朋友学习，不断提高自己的能力。

（2）创造性思维。学的东西不少，但是没有激发自己的创新性思想。只有掌握了雄厚的专业基础知识，并结合一定的实践过程，才有可能激发出创新性思想。这可以参考本书第 3 章"3.3 科学问题从哪里来？"

（3）时间管理很重要。要分清楚轻重缓急，不能眉毛胡子一把抓，最后耽误了重要、紧急的事情。

（4）团队合作能力。这是当代解决任何复杂问题必须有的能力，单兵作战的时代早已经过去了，只有把有各种特长的人集中在一起，为一个确定的目标奋斗，才能取得成功。

（5）终身学习的能力。不断地学习，不断地实践，不停地学习新知识，不停地解决新问题。在学习方面永葆活力，也就是常说的活到老，学到老。

最后，不管上面罗列了多少，真正的能力其实就是善于思考，善于总结，在不断的反思中提升自己的修为，这样才是一个人从不懂到懂，从不成熟走向成熟，从失败走向成功的过程。

12.2 怎样进行严格的科研培训?

进行学术研究，把科研作为自己毕生奋斗的事业，是一件崇高而神圣的事情。现在从事学术和科研越来越专业化、职业化，因此在所选择的研究领域要系统地学习基础知识和专业知识，经过大学阶段基础知识的学习、硕士阶段初步的科研培训、博士阶段全方位的科研培训，才有可能胜任科学研究工作。在学习的不同阶段都有应该掌握的最基本的能力。

1. 本科阶段

培养遵守规矩的意识，广泛地学习基础知识，熟悉所在大专业的国内外发展情况，为进入硕士阶段努力攒绩点，为继续深造选择顶尖学校做功课，初步规划发展道路。

2. 硕士阶段

文献调研能力的培养；掌握分析数据和实验结果的能力以及实验设备操作技能；熟悉文档操作技能；学习并了解学术道德与规范、实验室安全与操作规范，养成对学术与科研的敬畏之心；培养与人沟通交流及合作的能力，修炼自己的情商；提高自己规划人生的能力，避免随波逐流没有目标的人生。

3. 博士阶段

硕士阶段的前三项达到精通，做到尽悉研究领域内的现状。可根据不同格式要求娴熟运用各种专业软件（至少常用软件）撰写期刊论文、学位论文、专利、项目建议书（申请书）、学术报告以及做 PPT 等；学术诚信牢记于胸，熟知知识产权归属。加强学术交流，增加和继承导师的人脉，全面为导师打理各种事务，包括订票，订餐，住宿，接待，协调师兄、师弟、师姐、师妹们的工作，熟悉导师的各种项目，代导师参加各种会议等。

4. 博士后阶段

寻找和自己能力、水平、兴趣相匹配的创新点，之前是靠导师，后面的发展就得靠自己了。熟悉与自己发展相关的各种基金申请流程和申请指南，全面整理本科、硕士和博士阶段的人脉，多参加学术交流，增加与企业的互动，多与合作教授一起参加各种外事活动，建立自己的学术地位。

12.3　学位论文可读性不高的原因

研究生论文盲审季过去后，很多盲审专家纷纷吐槽：论文撰写没有逻辑性，遣词造句拗口难懂，不知如何句读等；很简单的一句话，非要绕啊绕啊。最后实在是难以平复内心的烦躁，就先放着，等心情平静了再看。有些论文评审人说导师不先看看就提交，这不是为难人吗？导师也是有苦难言，不是不改，实在是改得都要吐了。

有些人指出这是中学的问题，根子还是在中学。中学老师可不买账，娃娃们那么多课程，学习压力有多大，那可不是大学老师能想象得了的。

研究生们也是辛辛苦苦，提心吊胆，提交之前唯恐查重过不了关，把本来可以好好说的话，改来改去，花钱查重，查了一遍又一遍，终于把重复率降下来了。再看看修改后的论文，自己都不认识了。没有办法，为了过查重这一关，能一句话说清楚的，用三四句，甚至五六句来说。

学位论文顾了这头，顾不了那头。这头是什么？是要通过机器或者是软件的查重。那头是什么？是要通过导师、盲审专家和评审专家的评审。只要是同类就好办；不好办的是软件和机器，它们可是六亲不认的。人可以妥协，机器和软件可不会妥协。这就是学位论文可读性不强的原因之一吧。

任何事物和现象的出现必有其产生的根源，没有仔细地思考背后的原因，只停留在某一个方面或者从单一的一个角度去考虑问题，不考虑各种综合因素，得出来的答案可能就有失偏颇。

当然，从研究生这个角度来讲，写作是研究生培养的很重要的技能之一。从文献调研和综述开始，到开题、编制实验文件、制定计划进度、记录数据、试验日记、分析实验结果、得出结论，再到总结写研究论文，每一步都和写作密不可分，其中导师的指导还要跟得上。这样反复地训练，才能在学位论文撰写完成之后终于有所成。这个训练过程谁也代替不了，绝非一朝一夕，一蹴而就的。

无论是改写、换个说法、前后顺序颠倒，还是用自己的语言复述等，从学术的角度来讲，学术思想是不会变的，即使是改头换面，也只是改变了形式，换了个马甲，其核心还是那个学术思想。因此学术规范里界定抄袭或者学术不端行为时有一条：把其他学者的学术思想拿来包装后作为自己的学术思想。但是这种行为机器和软件分辨不出来，所以学位论文可读性差，原因是学位论文不是写给盲审专家和评审专家看的，而是写给机器和软件看的。

12.4 客观地给自己定位

许多年轻学者往往有这样的感觉和体验，已经用尽洪荒之力了，自己很满意，申请书也得到单位里经常参加函评的几位专家的认可，但是到官网发布消息的时候，获批的往往是那些闷不吭声，总说自己肯定没戏的人。因此就会有人认为函评阶段打招呼、有黑幕、有圈子，甚至还怀疑自己被人针对了。

在谁也不能保证百分之百获批的情况下，大多数的申请人可能出现同样的问题，就是不能客观地给自己定位。要么自我感觉良好，过高地估计自己的能力和水平；要么表现出极端的不自信。

这种现象很常见，比如让每一位老师自评教学能力和水平时，有的人总会不自觉地认为自己肯定不是最差的，大多数情况下高于平均水平。相反，那些教学水平很高的教授，则往往很谦逊，自觉地降维和大家交流，鼓励年轻教师，不让年轻教师感觉到尴尬。当自我感觉良好的时候，一定要反思是不是过高地估计了自己的能力和水平？

人们有时候会处于各种各样的矛盾中。比如，为了不打击申请人的积极性，基金委的函评指导意见里总提醒函评专家，在评语里最好不要用言辞尖锐的话，但是评语太委婉会被申请人认为言不由衷、表里不一、背后下黑手等；相反，如果实在忍受不了申请人对研究领域缺乏清晰的认识，而写了不好的评语，又怕这会让申请人对基础研究，对学术和科研失去信心，很有可能会失去一位未来的学者。再比如，从小到大，老师们对自己总是赞誉有加，而且在家长会、家访以及专家报告中，都说好孩子是夸出来的。但是到论文同行评议、学位论文盲审、应聘找工作时才发现，自己并没有那么优秀。

唯有多学、多看、多体会，知道得越多，越能摆正心态，客观地认识自己、评估自己的能力和水平。自我感觉良好的时候，偶尔选择性地听一下负面的，甚至刺耳的意见。在失意、失落、不顺利的时候，多想想开心的事情，多去找一些和蔼可亲、亲和力十足、能发现别人优点的人，给自己找一点儿自信。

赞誉的话不能听得太多。

12.5 尊师重道，常怀感恩之心

有些年轻教师自嘲在博士阶段是自学成才，认为啥都是自己的，包括思想、实验、写论文、改论文等，因此认为导师没有体现"导"的作用，是不合格的导师！其实有的导师对能力强又勤奋的学生表面上过问得少一些，实际一直是关注着的。也许个别导师确实做得不到位，但是换个角度来看，导师提供了攻博的机会，提供了平台、实验室、助研费等，因此至少不能抹杀导师在此方面的作用！

有的导师每周甚至每天都问进展，又被学生抱怨监督过于频繁，让学生感觉自己好像就是一个打工仔。遇到这样的导师，学生们不用自己找研究课题，也不用担心实验经费，甚至不容有发挥，只要按照导师的安排做即可。即使这样，几年下来收获也不小。

有很多导师经常和学生们交流学术心得，讲导师圈子里的逸闻趣事和自己的励志故事，根据学生的人生规划（主要针对选择科研、立志献身学术的学生）循序渐进地指导如何开启和准备学术研究，比如：如何做文献调研，写综述；如何确定学位论文工作；怎么总结提炼创新点；指导撰写和修改论文；带学生出差长见识，把学生推荐给圈子里的同行，让学生有在国内和国际会议上做报告、出镜、露脸的机会等。学生得到全方位的培养。

要想从研究生成长为独立 PI，需要时间沉淀和专业素养与技能的积累。这时导师的影响力和自己所受严格的科研培训的功底就发挥作用了。

有时候前者的作用可能大过自己的勤奋努力!

导师对学生的影响是潜移默化的,如春风化雨,润物无声。学生对导师虽不至于像古代那样"一日为师,终身为父",起码要常怀感恩之心。一个总是满腹牢骚、把自己的导师说得很不堪的人,又能好到哪里去呢?所以人们常说"君子坦荡荡,小人常戚戚"就是这个道理。

对那些帮助过我们,给过我们指导和建议的人,也应该心存感激。

12.6　通过学术报告向同行展示自己的研究

多参加学术会议是给年轻老师们的建议,同行之间学术思想、理念的交流和碰撞可以互相触发灵感,也便于同行之间互相认识、了解彼此的工作内容。

参加学术会议必须要争取做报告,只有在做报告的时候,才能让更多的同行记住自己。

既然做报告,那就得把如何做好报告当成一个作业来做。很多业内知名教授表示,一两天内听那么多场报告,除了自己关注的报告之外,很难对其他报告有印象。另外,还有一点需要大家注意,高手之间,一个眼神就能让对方明白自己的想法。从头到尾讲学术,眼睛不疲劳,精神也会倦怠。所以这个报告做得好不好,需要报告者好好地设计和策划。

大家知道,现在很多学术会议动辄好几百人,年轻人一般很难有机会做大会的特邀报告,大家又不想错过这难得的展现自己的机会,那么只能在分会场里展现自己,一定要好好把握机会。

做报告的学者很多,做报告的时间有时候会一再压缩,只要有一位耽误几分钟,后面的时间就会无法控制,极有可能出现分会场报告结束后,一大群人饭都没得吃,还要赶下一个分会场的报告。通常给每一位报告者的时间很短,一般讲10分钟,互动5分钟。主持人经常会在几个报告后强调，请大家注意自己的报告时间，尽量展示自己的主要研究。如何才能在很短时间内，尽快把自己的研究思想传递给听众，避免打机关枪般的介绍，而且还不占用 5 分钟互动时间呢？以下建议供大家参考。

（1）简单讲自己为什么要做（背景和意义），很快转到想怎么做（自己的假设），是怎么做的（设计的方案，如何来验证自己的假设），结果和结论（图、表、结论性文字），有没有验证自己的假设，还有什么不足，以后需要进一步的工作是什么。由以上组成一个完整的逻辑链。这样下来 8 分钟左右足矣，剩余 2 分钟，甚至更多时间，完全可以自由发挥，这才是一个比较成功的报告。大家想想看，在同一个行业里，研究背景大同小异，最关键的是思想和理念部分，分清主次，既不耽误时间，又让听众觉得报告人是一个有趣的人，而且能调动大家的积极性，何乐而不为呢？

但实际情况是，报告人给大家提供了一盘大餐，信息量巨大，接近 18 分钟还没结束，在主持人多次提示下，只能匆匆忙忙完事儿，达不到做报告的预期目的。有些报告人只能快速播放，其间会不停地说："由于时间关系，这个就不讲了。""还做了很多，这里就不详细介绍了。"这样学术思想的传递效率很低。

（2）报告现场很重要。比如，报告人通常先要感谢主持人，会说"感谢主持人，大家下午好，我要作的报告是……"这样中规中矩，流于平淡。建议准备多个开场白，一旦站在讲台上，在等组织方调出 PPT 的 20 几秒时间内根据现场情况快速决定选择哪一种。

比如，看到台下都在看手机，临时决定的开场白："感谢主持人，其他老师在看手机、看微信，而主持人在第一排特别辛苦，不停地看时间，提示报告人不能超时"这样效果就好多了。还有一次，我做关于智能智造的报告，在所准备的多个开场白里选择了问大家是如何到会场的，高铁、飞机，还是自驾？还有通过互联网线上参会的，以及 5G、人工智能、阿尔法狗等相关新事物，人们既是消费者，又是创造者，然后就提出什么是创新，引出报告的题目，1分钟多，时间刚刚好，一下子把大家听报告的积极性就调动起来了。

（3）做报告的时候要看着听众，扫视大家的反应，随时调整介绍的内容。我的师兄给我介绍的经验是，如果是上课，要每隔15分钟准备一个笑话调动学生的积极性和注意力。做报告也同样适用。

（4）做报告的时候，语速要慢，声音洪亮有力，否则后面的听众听不到。在大会报告中，演讲者的声音只要一弱，肯定是准备不足（通常是忘词，之后就语气和气势大减），容易让听众感觉做报告者不自信。

（5）做报告时面对听众，不要摇晃身体，手势坚定有力不要太快。这主要是给新闻媒体或者喜欢拍照的听众方便，与人方便于己方便嘛。一般知名学者一站上讲台，会有七八秒的时间微笑面对大家，这就像戏剧舞台上角色的亮相，主要还是留给大家拍照的时间。切忌从头到尾看着屏幕或者对着一个方向讲，没有和听众之间的眼神互动。手势快就略显随意，慢了既能加强坚定的信心和说服力，又能给拍摄者提供恰当的拍照瞬间，否则，要么手部是虚的，要么身体是虚的，很难抓到一个正面的光辉的形象。

（6）内容的设计可以把一些关键处保留下来，等着听众来问，不要讲的时候全盘托出，这样既省时间，又能增加互动。

12.7　科研人的境界

有一位老师问，作为一个科研工作者，自己内在能够达到的最高境界是什么？

不仅是做科研，从事其他职业也一样，每个人的最高境界就是挑战自己，看自己能不能做到，能不能做得更好。科研不是做给别人看的，不是为了向别人证明自己能行，也不是为了职称、荣誉、名望，而是自己喜欢，可以乐此不疲。在大家看来有显示度的东西，比如职称、房子、车子、升职等，都是在挑战自己的过程中水到渠成、顺其自然收获的，可以当作对自己的奖赏，而不要刻意地认为是自己努力奋斗的必然结果。就像长年累月坚持健身，每次增加时间、重量、频率、速度等，每次都有超越自己的体验；老师要把课上好，在口头表达能力（语气、语调、节奏、肢体语言、感染力等方面）上自觉训练，不断总结复盘，提升自己的水平，在 PPT 制作（动画、颜色、图文并茂）上不让学生感到枯燥乏味等。如何让学生接受自己？给自己充电，学习心理学、社会学、教育学、逻辑学，甚至哲学、艺术以及美学等，把专业内容深入浅出、通俗易懂地讲出来，每次讲完课之后觉得下次可能会讲得更好，境界自然就有了。

科研也是一样的，看大量的文献，了解同行是怎么做的，经过独立思考获得自己的想法，设计实验方案，制定计划，按进度做实验，获得实验数据或者调研素材，再去分析这些数据或素材并得出结论，以验证自己的想法。这也是大多数学者做研究的模式，相信很多青年学者如果不是为了考核、评职称、养家糊口，可以很放松去做这些事情，不会有时间的紧迫感，慢慢精雕细琢，这样科研的结果就不含水分。只要不是为了发文章而发文章，就不会做短平快、蹭热点的项目。和同事、同行、朋友坐在一起惬意地喝着咖啡，聊自己的实验，聊自己的奇思妙想，即使实验想法没能实现，交流中获得了新的想法，下次会做得更好；或者朋友也深受启发，对朋友的研究也很有帮助。这样做科研，估计每天都妙不可言，境界自然就高了。

虽然大家都很想有这样的境界，但是在没有财务自由、考核自由的情况下，一切都是虚妄的。所以境界这种奢侈品还是用财富说话的。即便自己境界再高，科研没有经费支持，没有职称，没有团队，也很难做出成果。作为老师，如果学生不买账，同事不认可，也不能算是好老师。所以境界一方面是自己内在的追求，是最基本的；另一方面还需要考虑现实。

理想碰到现实时，骨感太强烈，毕竟人是有社会属性的，即便是圣人也不是自封的，而是被世人公认的。

综上，在同龄人、同行、同事们在意的事情上先人一步得到，然后努力提升自己的修养，培育良好的品格，不骄不躁，乐于分享自己的经验，传递善意、爱意、友情，包括亲情给自己周围的人，这就是一种境界，而且是一种很宝贵的更高的境界。

12.8 要有淡泊名利的心境

知识分子大多都能安贫乐道、淡泊名利。其一，是稳定社会的需求，知识分子能引经据典，能言善辩，引领社会风气；其二，知识分子的社会作用，在于实现了自己的抱负之后，不忘初心，反哺社会，成为有担当的人；其三，浮躁的社会，需要一股清流，需要一股稳定的力量，只有知识分子能担起这个大任，应自然而然地把引领社会思潮，净化社会风气的责任担在自己的肩上。

科研人员要淡泊名利，"板凳甘坐十年冷"这个说法确实很有见地，大家热议中持反面观点的不一定就是真的反对。比如，大家熟知的安徽大学魔芋教授何家庆，前几年大家热议的布鞋院士李小文，艰苦朴素的袁隆平院士，还有获得诺奖的屠呦呦女士等，他们没有豪言壮语，只是数十年如一日地做自己的事情，确确实实是淡泊名利、沉下心来做事的榜样。

人们为什么对科研人员寄予如此大的厚望呢？科学研究是认识自然、探索自然和发现自然规律的方法，可以为人类社会服务，让大家充分享受科学技术带来的便利，比如在家里就能吃到全球各地的美食，不受时间、空间的限制可以方便地与各个国家的友人交流，交通便利、四通八达等；为了保卫得来不易的好日子，就得通过科学技术增强国力，解决一些"卡脖子"技术，在基础研究领域为人类社会贡献自己的一分力量。也就是说，科研人员的工作是未来和希望，如果没有科研工作，那技术就失去了原动力，一切与新技术、新工艺相关的产品都会与我们无缘。

在我国社会主义建设过程中，出现了很多可歌可泣的先进事迹和模范代表。经过这么多年的发展，现在的物质生活与以前相比，已经发生了翻天覆地的变化，这时候更需要科研人员沉下心来，踏踏实实做好研究工作。这就需要在社会上倡导尊重知识，尊重知识分子和科研人员。

虽然有时候知识分子有些脾气，但是知识分子也是很好相处的，只要尊重即可。

如何才能吸引优秀的年轻人从事学术与科研，让学术与科研事业后继有人呢？

（1）让知识分子享有崇高的社会地位。

（2）切实做好与学术和科研相关的服务工作。

（3）知识分子自己要自强，踏踏实实做事情。

12.9　做有意义的事情

学者们选择学术和科研作为职业，至少是经过多方了解和比较的。比如，工作相对稳定，收入还算可以，至少对学术和科研有那么一点点兴趣，除了教书、讲课外，做点儿实验，写点儿文章，多好啊。

谁曾想，还没入职报到，就接到单位电话让珍惜和争取每年一次的自然科学基金申报机会，而且第一个聘期考核要中一个项目，以后的薪水待遇、职称评聘都与这个挂钩，"非升即走"。还没来得及从毕业的放松和拿到入职通知的喜悦中走出来，就匆匆忙忙地从写自然科学基金申请书开始了自己的职业生涯，一点仪式感都没有。

从刚开始的茫然无知到现在的略知一二，许多的事都不知道自己是怎么明白的。几次申请之后，对自己当时的选择产生了怀疑。怀疑自己是否真的喜欢在高校工作，是否真的适合做学术。以前对科研的兴趣还能作为坚持下去的理由么？难道这就是自己选择的人生，一辈子就是为了中几个基金项目？

把任何兴趣、爱好作为职业的话，就不仅仅是喜欢与否了，喜欢得干，不喜欢也得干，这也是检验自己是否真喜欢这个职业的一个试金石。

如果自己有兴趣，而且聪颖、悟性高，做起来当然没有问题。一旦为了一些目标，却没有实现目标的能力和实力，就会产生疑惑，自己是不是适合做这个？

如果换一个工作，是否还会遇到同样的或者类似的问题，那时候怎么办？压力能激发人的潜能，以前只是喜欢，现在得付出超过100%的努力，才能把自己的潜能发挥出来，又觉得自己还是适合干这个的。解决了一个问题，后面会有无数个更难的问题等着，一个一个解决下来，从一个人干，到带着团队干，这就有意义了。如果做不到的话，就把大目标分解为无数小目标，逐渐实现，也能有好的结果，只是时间长短的问题罢了。

以上是职业与兴趣相符合的情况，如果不符合就更苦了。所以在任何阶段，遇到任何事情，都不要犹豫，先干起来，谁也不是天生就行的，干着干着就有经验了，摸着门道之后就能干好了。

其实，许多事情没有那么多意义，或者为了养家糊口，或者为了崇高的理想、远大的目标，或者就是向别人证明一下自己的能力等。

12.10 如何快速提升获批率？

申请过自然科学基金的学者们可能都会有这样的经历：距规定提交的日期没几天了，改得人都要吐了，再顺一遍，这次修改后打死都不再改了。每次都下定决心，这是最后一次修改，但是只要再次打开，总是很庆幸，幸亏多看了一眼，否则到了函评专家手里肯定被否掉啊。

其实，申请书是否获批在动手之初，差不多就已经确定了。为什么这么说？有些人一个月左右写好，有些人三天就写好了，还有更厉害的一天写好，之后再花一周的时间修改，然后就是提交等结果了。

有人说，每年这些项目都是知名教授们在分糖果。别不服气，人家积累了这么多年，包括学术、声望、依托单位的影响力、平台的基础、团队的实力、论著和获奖、同行的认可或者超强的人脉，其中随便哪一项都不是一般申请人能望其项背的。

每个学者入职伊始，前 5 年左右，谁不是辛辛苦苦写好多申请书，运气好的能中 1~2 项，运气不好的每年颗粒无收。随着时间的流逝，再过 5 年，大家的差距就被逐渐拉开；再过 5 年，有些人就忙着带研究生，指导研究生，酝酿更大的项目，也就是传说中小有影响的年轻学者了。有些人在第二个 5 年就开始默默无闻，到第三个 5 年连吐槽、抱怨都提不起劲了。通常情况下，6~7 岁入学，博士毕业 29~30 岁。青年科学基金项目的年龄上限为男 35 岁，女 40 岁；优秀青年科学基金项目 38 岁；杰出青年科学基金项目 45 岁。每一年都很关键，不能有丝毫的耽误，很多优秀的学者在 45 岁这个年龄终于拿到杰出青年科学基金项目。

大家都很优秀，但再优秀的人，也需要别人的帮助和指导，使自己更优秀。大家仔细想一想，从小学开始，每一个求学的阶段，是不是都有一个或几个对自己帮助特别大的老师或者朋友，使自己的学业取得突飞猛进的发展，从而超越很多的同龄人？尤其是在攻读博士学位和刚参加工作期间，如果有人给予指导，对自己学习、工作和事业的作用更大。高中乃至本科阶段凭的是成绩；研究生之后，除了成绩之外，还需要和导师的全力配合；工作之后，除了自己的勤奋和努力，也要靠导师继续发力，不是光靠勤奋和努力就能成功的。在小范围内要获得领导的认可、团队的认可、同事的认可；大范围内要获得朋友的认可、同行的认可和研究领域的口碑。运气不好的话，积十年之功也抵不过第三方一句否定之言，毁于一旦的事情也是会发生的。虽然有失偏颇，但是人言可畏这个词总有一些道理的。也就是人常说的，常怀感恩之心，待人接物要谦逊，不能骄傲自满。

有位知名教授在很多场合说："我们都是'漏网之鱼'，要感恩，要常怀感恩之心。"经常听这位教授报告的年轻学者们，可能知道这是哪位教授的口头禅。他确实做到了，最后成功地成为学术界的"大鱼"。他的这句话确实影响了很多年轻人，这些年轻人大部分都成为了专业领域内优秀的学者。

提高获批率就是成功地让自己成为"分糖果"时的幸运者。可以把基金申请分为三个阶段：

第一阶段，说服自己的阶段，也就是撰写、打磨、修改的阶段。这个阶段如果有人帮助更好，没有人帮助就只能自己琢磨，修改到自己满意为止。这个阶段是大部分申请人用功最多，花时间和精力最多的阶段。

第二阶段，说服专家的阶段，也就是通过立项申请书与函评专家交流的阶段。由于没有互动机制，所以函评专家只能从申请书的字里行间来了解申请人的思想和要做的事情，进而判断能不能做，值不值得做；通过遣词造句，行文风格感受申请人的治学态度，从而被申请人说服，认可申请人的申请书。

大部分的申请人在这个阶段只能被动地、焦虑地等待，稍有风吹草动就疑神疑鬼，放心不下，打开申请书再看一下，发现有一个标点符号错了，惶惶不可终日。

第三阶段，刷存在感的阶段。每个专业每年都有不同主题的各种学术会议，3~5月份的会议尤为重要。鼓励大家多去参会，参会时一定要争取做报告的机会，即使做不了报告，也要专心听一些报告，准备一些问题，刷一下存在感。

其实很多人忽略了很重要的第三个阶段，有些人虽然想到了，但是采取的都是见不得光的办法：大海捞针式的发邮件、发微信、打电话，甚至托人打听申请书的落脚处。这样做既花时间，又没有多大效果，而且还容易被人家嫌弃，也是基金委明文规定严禁的行为。做事情就要光明正大，要阳谋。对于大多数"鱼"来说，想要"漏网"，只能靠自己，有条件就好好用，没有条件的创造条件给自己助力。

12.11　什么样的性格更容易获批？

在日常生活中，经常听家长说，孩子喜静不喜动，性格有些内向，平常不爱与人交流，以后可怎么办呀？其实，每个人都有自己的性格特点，但是大多数人认为如果贴上内向的标签，总不是一件好事情，所以经常鼓励自己的孩子多和外界接触，避免形成内向的性格。

具有内向性格的人往往心思细腻，耐得住性子，做事精益求精，追求最好，而且能够在浮躁的环境中抵制外界的诱惑而不动摇。所以性格内向的人，如果遇到难题，能集中精力，深入思考，刻苦钻研，通常情况下更容易解决问题。

在学术和科研的道路上，大家都知道，跟踪模仿永远不可能有创新；不沉下心来，耐不住寂寞，很难取得突破。而性格内向的人所具有的性格特点则正好适合从事学术与科研工作。

但是学术与科研，光有想法和思路还远远不行，还得把自己的想法写成项目申请书，通过函评，取得同行专家的认可后才能获得经费资助，有了项目经费才能购买或使用相关的分析测试设备和材料，招研究生、招博士后，组织志同道合的学者一起完成自己的想法。

有了奇妙的想法或者思路之后，以项目申请书的形式让同行专家看得懂，而且让他们相信申请人有能力、有水平、有研究基础，能把项目做好，这样才能达到预期的结果。所以，要经常与同行进行学术交流，比如会议交流、上门访问、微信互动或者通过邮件交流等。目的就是要清楚地了解同行们在做什么，也让同行们了解自己在做什么，来避免同行只看申请书，由于可能存在的表达不充分而导致自己的思想未能顺畅地传递给同行，从而立项申请遭拒。

由以上分析可知，内向的性格特点适合于从事学术和科研工作，但是也要克服不喜与人交流的不足，所以从这点来看，内向型性格有利有弊。相对而言，还是具有刻苦钻研、善于思考、精益求精、追求最好等优秀品质的申请人更容易获批。

12.12　导师让再写一篇论文，写，还是不写？

"都已经和导师说了，我不读博，导师也认可了，但还是一直要求我再写一篇论文，这正常吗？"这是一位即将毕业的硕士研究生的提问，希望能得到有益的帮助，释疑解惑。

从这位研究生的问题可以看出来，他对导师要求写论文这件事情产生了质疑，理由是不读博就不应该要求他写论文了。在这个思想指导下，用了"一直"这个词，同时想了解导师的要求是不是正常，也就是在心理上不想写论文，想找依据或者同盟。

（1）如果大家都被老师要求写论文，不管读博与否，那么这就是正常的现象；如果其他人的导师都没有写论文的要求，单自己被要求再写一篇论文，那就是不正常的现象。如果是前者，估计尽管不愿意也会写；如果是后者，肯定会觉得自己导师的要求很过分，接下来就是想办法如何拒绝了，甚至向别人求助如何拒绝导师的"过分"要求。因此如何选择，大多数人的做法是先看看"行情"，看看其他人怎么做。

（2）为什么内心有抵触？因为写论文不是一蹴而就的，要花时间整理数据、查阅参考文献、谋篇布局、分析讨论等。如果不花时间和精力，估计大部分同学也就不会纠结写还是不写。所以先看看如果不写的话，自己会用这个时间和精力来做什么，比如，交友、旅游、打游戏、阅读、参加社团活动、谈对象、参加实习等。交友和谈对象是满足自己社会性的需求，甚至可以解决个人问题；旅游可以领略自然风光，开阔自己的视野，对减压有好处，可以抑制和防止抑郁；阅读可以提升自己的认知；参加社团可以培养自己的团队意识和服务意识，与志同道合者做自己喜欢做的事情；生产实习可以锻炼自己的实践和动手能力，在实习中给企业留下良好的印象，说不定能被录用。也就是说不写论文省下来的时间和精力可以做这么多有意义的事情，那么该怎么办呢？

（3）导师要求的论文写还是不写？就拿与实习冲突来举例，实习的目的就是锻炼实践能力，了解生产到底是怎么回事儿，为自己找工作奠定基础，作为简历的支撑材料。作为研究生来说，主要的核心任务是接受科研培训和科研实践，如何来证明自己的能力和水平？顺利毕业、有论文、有专利，还有获奖等，足以证明自己是优秀的。如果没有这些，就得拿其他的来证明，比如上述的交友、旅游、打游戏、阅读、参加社团活动、谈对象、参加实习等。其实这些证明不了自己的优秀，大多数同学都能做得到。招聘的 HR 火眼金睛，看到这些，绝对会认为应聘者没有过硬的条件，泯于众人，除非有什么大奖或者其他异于常人的成绩，否则没戏。相反，如果 HR 了解到应聘者虽然不继续读博，还写了这么多论文，以 HR 的阅历，会认为应聘者是一个能 100% 完成任何工作的人，而且会完成得很优秀；是自律的人，能克服内心的抵触，能挑战大难度工作；即便是不读博，也能做好导师安排给自己并不愿意做的任务，是具有团队合作精神和奉献精神的人，不随性，不随意，服从安排，有责任心，确实是公司需要的人。

（4）拒绝导师或领导安排的任务是不容易的，相反，答应了之后要承担相应的责任并履行承诺更不容易。所以硬拖和硬杠都不是处世之道，也不是为人之道。这是导致师生之间、朋友之间、领导与下属之间关系破裂、失和的主要原因。

(5) 作为学生，导师安排写论文，天经地义，与以后是否读博，与自己要去参加生产实习或者其他活动没有关系。作为导师，要多关注和关怀自己的学生，身体是否健康，思想动态如何，生活是否有困难，家里情况如何等。导师不仅要从学业上给予学生指导和帮助，也应该从人格、品格方面给予学生指导和帮助，在生活上多关怀学生，切实履行导师的责任。

最后，对于个人成长过程中遇到的林林总总的问题，有些自己能解决，有些需要在他人的帮助下解决，有些解决得很完美，有些则给自己留下遗憾，在潜意识里产生阴影。只要是内心挣扎的就需要分析为什么会抵触？为什么会挣扎？那些无心做的正确的选择，即使过了很多年都觉得是运气好；那些虽然当时很不乐意做，违背了自己内心而做的大部分的选择或者事情，回过头来看，其实是正确的。相反，那些觉得真是天意，想什么来什么，没有费吹灰之力的选择或者事情，很多情况下，过了若干年实有悔意，觉得做决定时太过随意而追悔不已。尤其是有朋友支持硬杠、硬拖的时候一定要注意了，这种建议会促进内心的抵触，也就是人们说的负能量。与一个充满负能量的人接触久了，耳濡目染，自然会被熏得满身负能量。而遇到积极心态，充满正能量的人，会鼓励自己尝试一下，不成功自己也不损失什么，成功了不是皆大欢喜吗？因此多和优秀的人、正能量的人、积极心态的人做朋友，让自己也优秀起来，抱着积极的心态工作、生活和学习，也成为一个充满正能量的人。

12.13 坚持不懈终于获批的经典案例

国家自然科学基金项目是国内学术与科研领域学者们公认的最公平、公正的基金项目。基金委鼓励探索，突出原创，由学者们自由选题，因此只要选题合适，立项依据充分，具有良好的研究基础，获得函评专家们的一致认可，即可获得资助。

由于基金委选择资助对象时采取的是发扬民主，依靠专家的措施和程序，所以如何说服专家，打动专家，是申请人精心打造申请书的重中之重。虽然基金委、依托单位、各大学术网站、自媒体给申请人创造了很好的条件，指导大家如何撰写申请书，如何提炼科学问题，如何在立项依据上着笔等，但是仍不能让具有坚实研究基础和受过严格科研培训的年轻学者们都如愿以偿地获得国家自然科学基金的资助。很多年轻学者申请青年科学基金项目或者面上项目，花上好几年的时间反复修改，却屡败屡战。一个立项申请如果当年不能获批，只能等待下一年，运气好的话，也得第三年实施，也就是说大部分的项目需要经过 3～5 年才能获得资助，有的学者反映 5 年才申请到青年科学基金项目。人生能有几个 5 年？在最具创造力的年龄，不能就这么被耽误了。还有些学者在多年的打磨和反复修改中，逐渐失去了耐心，没有了当初的踌躇满志，没有了信心，发际线向后发展，事业却没有向前。

很多年轻申请人都觉得基金申请经验介绍的文章一看就懂，等自己写的时候还是不得要领。这个现象很正常，就是常说的转化率。什么是转化率？学生上课，教材里的知识点，需要课前预习，课中老师讲解，课后还要复习，最后为了取得好成绩，可能还需要刷题。反复温习、解题、记诵才能达到融会贯通，考试时方能信手拈来，游刃有余。对于实践性很强的专业，是不是具有了扎实的理论知识就能指导生产实际呢？肯定不行，必须在理论知识和具体的生产工艺之间建立有效的联系才行，通常需要接触生产实际或者解决生产过程中碰到的现场问题，少则 3～5 年，多则 7～8 年，基本上就成为该领域既掌握理论又能理论联系实际的大专家。也就是说，转化需要时间和经验的积累，不是一蹴而就的，不是看了几篇经验文章就能立竿见影，显著提升自己的获批率。

通常每年的 3 月中旬就要提交申请书，越是接近提交申请书截止的时间，越是着急上火，很多情况下不是申请人不行，只是缺少了那么一点信心。为了给大家加油打气，这里精选了一些年轻老师们在项目获批后分享的经验和体会，大家在写申请书的间隙，多读几遍，揣摩和学习，给自己增强信心。

经典案例 1

某申请人本科就读一所三本学校，自己考了本校硕士，然后考回老家一所学校读博士，博士做的是高精尖项目，博士导师获得过面上项目。本人入职后完全换了个方向，一个做生理功能研究的，改做药理，第一年用组里一个中药材料申请。专家直接就说组里没有相关文章，自己没有分离纯化背景，评分为 BCC。第二年组里出了篇相关的文章，自己修改了材料以中药药效物质方向申请，期间做了点基础研究，评分为 ABC。其中 C 是怪自己，把单位扶持基金写进去了，评委认为研究内容跟标书重复，没有创新。第三年研究了历年的"口子"，分析了获批概率，选了医学八处，终于获批了。第三年基础够了，发的文章落在四月份，没赶上，但还是获批了。

点评：英雄不问出处，换专业申请不是没有成功的先例。注意要把正在承担的项目与申请的项目之间的关系说清楚，不要纠结文章接收与否，能否体现在申请书中。第三年成功的关键还是对学科的选择与资助信息的详细调研，功夫不负有心人。

经典案例 2

本硕博在同一所学校，工作是在一个研究所，从事的工作与博士研究内容基本没有关系，领域都换了，所以毕业第一年没有申请自然科学基金，主要精力和时间在找研究方向。毕业第二年第一次申请就获批了，没关系，没背景，该领域专家一个也不认识。研究内容以及可行性是最重要的，一定要有创新，要体现科学问题。我的一位同事，硕士，有一些工作基础，但基本没什么文章，也一次就获批了。所以不管是文章，还是工作基础，最终体现的是申请人的科研能力，要让评委看到这点。再就是申请书一定要认真写，特别是背景介绍，背景不妨拔高一些，但要顺理成章地切入研究内容，并且研究内容要务实可行，有一两个创新点。不要寄希望于审稿人是熟人，一定要踏实认真对待。强调一点就是一定要体现科学问题。

点评：文章不是特别强的也能获批面上项目，无论硕士学位，还是博士学位。跨领域的、没有工作基础的也不要没有信心，关键是要让专家看到申请人的科研能力。同样，申请书还得要认真准备，不能把不中的原因归到没有遇见熟人、运气不好之上。

经典案例 3

作为有 10 篇 SCI 一区论文的博士，连续申请 5 年青年科学基金项目未中。最后申请的机会都没有了，很悲伤，基本想放弃科研。但是在硬着头皮申请面上项目的第一年就获批了。奇怪的是，虽然申请书有修改，但框架没变。经验教训就是：作为一个"草根"科研工作者，第一，唯一能做的就是埋头做实验，积累数据和文章，打好研究基础；第二，申请书要言简意赅，逻辑性强；第三，所做的研究和题目能在第一眼就吸引住评审专家的眼球和注意力。

点评：天下没有白费的努力，坚持，坚持，再坚持，下一刻，说不定在拐角就有好运。

附　录

尊敬的专家：

现邀请您作为国家自然科学基金项目通讯评审专家，有关工作要求如下：

1. 为营造风清气正的学术氛围和良好学术生态，自然科学基金委**实施评审专家公正性承诺制度**。请您按照电子邮件发送的用户信息，登录科学基金网络信息系统（https://isisn.nsfc.gov.cn），在线作出承诺并按照承诺书要求评审项目。

2. 请您通过自然科学基金委网站（http://www.nsfc.gov.cn）认真阅读《国家自然科学基金条例》《国家自然科学基金项目评审回避与保密管理办法》《国家自然科学基金项目评审专家工作管理办法》《国家自然科学基金项目评审专家行为规范》和所评审项目类型的管理办法，并按照相关要求开展评审工作。

3. 按照中央有关文件要求，**请在评审工作中避免"唯论文、唯职称、唯学历、唯奖项"的倾向，避免论资排辈**。

4. 请您认真阅读评审材料和相应项目类型的评议要点，提出详细、明确、理由充分的评审意见。您的评审意见将不具名提供给会评评审专家组并反馈给被评审项目申请人。请您在提交时认真检查，避免粘贴错误。过于简单、空泛或者不符合项目评审要求的评审意见，将被视为无效评审意见。

5. 自然科学基金委选择面上项目、青年科学基金项目和重点项目开展基于科学问题属性的分类评审。请您根据每类科学问题属性的内涵和评议要点，按照评审表格所列要素进行针对性评议。

6. 评审专家在相关项目的"人员信息"选项卡中，可以下载申请人和主要参与者简历以及申请人 5 篇以内代表性论著全文。同时，简历中还包含相关人员代表性研究成果目录信息，请评审专家注意查看。

7. 请您对于自己作为评审专家的信息严格保密。如果您有《国家自然科学基金项目评审回避与保密管理办法》第五条或者《国家自然科学基金项目评审专家行为规范》第七条所列情形之一，应主动向相关科学处申请回避。

8. 如果您对项目申请涉及的研究内容不熟悉、不能按规定时间完成评审工作、在线评审有困难或因为其他原因不便进行评审，请在信息系统中及时拒绝指派或与相关科学处联系，以免耽误评审工作进度。

9. 自然科学基金委将定期评估评审专家履行评审职责情况，并将评估结果记入评审专家信誉管理。

感谢您对国家自然科学基金项目评审工作的支持！

附录 B 国家自然科学基金项目通讯评审专家公正性承诺书

国家自然科学基金项目通讯评审专家公正性承诺书

为营造风清气正的学术氛围和健康良好的学术生态，维护科学基金评审工作的公正性，**本人在此郑重承诺**：在参与国家自然科学基金项目评审活动的全过程中，严格落实中共中央办公厅、国务院办公厅《关于进一步加强科研诚信建设的若干意见》规定，严守科研诚信要求，恪守职业规范和科学道德；遵守评审规则和工作纪律，独立、客观、公正开展工作，为项目评审提供负责任、高质量的评审意见；在评审前、评审期间如遇到请托电话、信息等影响公正性的不良行为，将如实向评审组织方报告，杜绝以下行为：

（一）违反回避制度，隐瞒利益冲突；

（二）擅自委托他人代替自己开展评审工作；

（三）违反公平公正原则，有参与不正当竞争或恶意串通等违规行为，采用不正当方式引导、影响评审结果；

（四）擅自与被评审利益相关方联系、串通；

（五）索取、收受被评审利益相关方的财物或其他利益；违反规定到被评审单位报销任何费用，利用评审专家的身份或影响力参与有偿商业活动；

（六）剽窃评审材料内容，或未经许可对相关材料进行复制、泄露，引用或留存；

（七）违反评审规定，透露评审过程中的专家意见或评审结果，违反保密规定，泄露与评审有关的技术秘密和商业秘密；

（八）其他违反财经纪律和相关管理规定的行为。

如有违反，本人愿接受国家自然科学基金委员会和相关部门做出的各项处理决定，包括但不限于取消评审专家资格，向社会通报违规情况，取消一定期限国家自然科学基金项目申报资格，记入科研诚信严重失信行为数据库以及接受相应的党纪政纪处理等。

附录C　国家自然科学基金项目同行评议要点

C.1　国家自然科学基金青年科学基金项目同行评议要点

（2021 版）[⊖]

青年科学基金项目支持青年科学技术人员在国家自然科学基金资助范围内自主选题，开展基础研究工作，特别注重培养青年科学技术人员独立主持科研项目、进行创新研究的能力，激励青年科学技术人员的创新思维，培育基础研究后继人才。

2021 年国家自然科学基金委员会选取全部青年科学基金项目开展基于科学问题属性的分类评审试点，不断完善评审机制，适应新时代科学基金改革的要求。请评议人从申请人拟开展研究工作的科学价值、创新性、对相关领域的潜在影响、研究方案的可行性以及申请人的创新潜力等方面进行独立判断，并按照每类科学问题属性的分类评审要求从以下方面对申请项目进行重点评议，在此基础上给出综合评价和资助意见。

1. 对"鼓励探索、突出原创"（科学问题属性Ⅰ）类项目，着重评议研究工作是否具有原始创新性，以及所提出的科学问题的重要性。

⊖ 2022 年青年科学基金项目同行评议要点沿用 2021 版。

2. 对"聚焦前沿、独辟蹊径"（科学问题属性Ⅱ）类项目，关注拟研究科学问题的重要性和前沿性，着重评议研究思想的独特性与拟取得研究成果的潜在引领性。

3. 对"需求牵引、突破瓶颈"（科学问题属性Ⅲ）类项目，关注研究工作的应用性特征，着重评议是否提出了技术瓶颈背后的基础科学问题，以及所提研究方案的创新性和可行性。

4. 对"共性导向、交叉融通"（科学问题属性Ⅳ）类项目，着重评议研究工作的多学科交叉特征，以及跨学科研究对推动研究范式和学科方向发展的影响。

综合评价等级参考标准：

优：申请人创新潜力强；拟开展的研究工作创新性强，有重要科学研究价值或应用前景，总体研究方案合理可行。

良：申请人有较强的创新潜力；拟开展的研究工作立意新颖，有较重要的科学研究价值或应用前景，总体研究方案较好。

中：申请人有一定的创新潜力；拟开展的研究工作有一定的科学研究价值或应用前景，总体研究方案尚可，某些关键方面存在不足。

差：某些关键方面有明显缺陷。

C.2　国家自然科学基金面上项目同行评议要点（2021 版）[⊖]

面上项目支持从事基础研究的科学技术人员在国家自然科学基金资助范围内自主选题，开展创新性的科学研究，促进各学科均衡、协调和可持续发展。

国家自然科学基金委员会对面上项目开展基于科学问题属性的分

⊖ 2022 年面上项目同行评议要点沿用 2021 版。

类评审，建立"负责任、讲信誉、计贡献"的科学评审机制，适应新时代科学基金改革的要求。请评议人从科学价值、创新性、对相关领域的潜在影响以及研究方案的可行性等方面进行独立判断，并按照每类科学问题属性的分类评审要求从以下方面对申请项目进行重点评议，在此基础上给出综合评价和资助意见。

1. 对"鼓励探索、突出原创"（科学问题属性Ⅰ）类项目，着重评议研究工作是否具有原始创新性，以及所提出的科学问题的重要性。

2. 对"聚焦前沿、独辟蹊径"（科学问题属性Ⅱ）类项目，关注拟研究科学问题的重要性和前沿性，着重评议研究思想的独特性与拟取得研究成果的潜在引领性。

3. 对"需求牵引、突破瓶颈"（科学问题属性Ⅲ）类项目，关注研究工作的应用性特征，着重评议是否提出了技术瓶颈背后的基础科学问题，以及所提研究方案的创新性和可行性。

4. 对"共性导向、交叉融通"（科学问题属性Ⅳ）类项目，着重评议研究工作的多学科交叉特征，以及跨学科研究对推动研究范式和学科方向发展的影响。

综合评价等级参考标准：

优：创新性强，有重要科学研究价值或应用前景，总体研究方案合理可行。

良：立意新颖，有较重要的科学研究价值或应用前景，总体研究方案较好。

中：有一定的科学研究价值或应用前景，总体研究方案尚可，某些关键方面存在不足。

差：某些关键方面有明显缺陷。

C.3 国家自然科学基金地区科学基金项目同行评议要点 (2020 版)⊖

地区科学基金项目支持特定地区的部分依托单位的科学技术人员在国家自然科学基金资助范围内开展创新性的科学研究，培养和扶植该地区的科学技术人员，稳定和凝聚优秀人才，为区域创新体系建设与经济、社会发展服务。

请评议人从以下方面对申请项目进行评议，在此基础上给出综合评价和资助意见。

1. 针对创新点详细评述申请项目的创新性、科学价值以及对相关领域的潜在影响。

2. 结合申请项目的研究方案与申请人的研究基础评述项目的可行性。

综合评价等级参考标准：

优：创新性强，有重要科学研究价值或应用前景，总体研究方案合理可行。

良：立意新颖，有较重要的科学研究价值或应用前景，总体研究方案较好。

中：有一定的科学研究价值或应用前景，总体研究方案尚可，某些关键方面存在不足。

差：某些关键方面有明显缺陷。

⊖ 2022 年地区科学基金项目同行评议要点沿用 2020 版。

附录 D　国家自然科学基金项目通讯评审意见单

通讯评审意见单

A　鼓励探索、突出原创

熟悉程度：A 熟悉，B 较熟悉，C 不熟悉

综合评价：A 优，B 良，C 中，D 差

资助意见：A 优先资助，B 可资助，C 不予资助

　　一、该申请项目的研究内容是否具有原创性并值得鼓励尝试？请针对创新点（如新思想、新理论、新方法、新技术等）详细阐述判断理由。

　　二、请评述申请项目所提出创新点的科学价值及对相关领域的潜在影响。

　　三、请结合申请人的学术背景及研究方案评述开展该原创性研究的可能性。

　　四、其他建议。

B　聚焦前沿、独辟蹊径

熟悉程度：A 熟悉，B 较熟悉，C 不熟悉

综合评价：A 优，B 良，C 中，D 差

资助意见：A 优先资助，B 可资助，C 不予资助

一、该申请项目的研究思想或方案是否具有新颖性和独特性？请详细阐述判断理由。

二、请评述申请项目所关注问题的科学价值以及对相关前沿领域的潜在贡献。

三、请评述申请人的研究基础与研究方案的可行性。

四、其他建议。

C　需求牵引、突破瓶颈

熟悉程度：A 熟悉，B 较熟悉，C 不熟悉

综合评价：A 优，B 良，C 中，D 差

资助意见：A 优先资助，B 可资助，C 不予资助

一、该申请项目是否面向国家需求、技术瓶颈并试图解决技术颈背后的基础问题？请结合应用需求详细阐述判断理由。

二、请评述申请项目所提出的科学问题与预期成果的科学价值。

三、请评述申请人的创新潜力及研究方案的创新性和可行性。

四、其他建议。

D 共性导向、交叉融通

熟悉程度：A 熟悉，B 较熟悉，C 不熟悉

综合评价：A 优，B 良，C 中，D 差

资助意见：A 优先资助，B 可资助，C 不予资助

一、该申请项目所关注的科学问题是否源于多学科领域交叉的共性问题，具有明确的学科交叉特征？请详细阐述判断理由并评价预期成果的科学价值。

二、请针对学科交叉特点评述申请项目研究方案或技术路线的创新性和可行性。

三、请评述申请人与/或参与者的多学科背景和研究专长。

四、其他建议。

附录 E　计划任务书填写常见问题解答汇总

这里的问题是根据广大网友的提问汇总的，所给出的解答是作者自己参加申报和评审的经验之谈，仅供读者参考。读者处理类似问题时，应符合基金委当年发布相关文件的规定，对经费的处理还应遵守财务制度。

1. 如果对申请书基本上没做修改直接作为计划任务书，是否可行？

回答：可以，直接写上"研究内容和研究目标按照申请书执行"。如果反馈的表中有修改意见，则必须要修改，如果不修改也要说明理由。

2. 修改意见有这么一句："注重 X 与 Y 的关联性研究。"没有其他意见。在计划任务书正文中如何修改呢？

回答：在研究内容和研究方案中加入这方面的研究，然后把新的研究内容和方案写在正文下，其他按原计划执行。

3. 上交纸质计划任务书时，合作单位要盖章吗？

回答：往年上交的纸质计划书中合作单位不需要盖章。这要以当年的规定为准。

4. 如果有外单位的参与人，申请书中是否可以不把他们的单位写入合作单位？

回答：非依托单位的参与人，在申请书中即列为有合作单位，面上项目的合作单位不超过 2 个。

5. 通讯评审意见给了一堆，但最后对研究方案的修改意见却是空白，是否可以仅在报告正文写一句"研究内容和研究目标按照申请书执行"？

回答：填写计划任务书时可以这样来处理。

6. 对研究方案的修改意见是空白的，但是专家的意见很中肯，也有助于更好地完成项目，在写计划任务书时是否可以相应地做研究内容（包括摘要部分）的修改？

回答：计划任务书中不需要修改，项目实施的时候可以调整。

7. 评审意见里有一位专家指出"研究内容过于庞大，建议予以集中，以取得较好的研究成果。"最后基金委对研究方案的修改意见为："建议进一步细化研究方案，精炼研究内容。"该怎么修改？

回答：删减研究内容，只做核心的就行了，后续的一些工作可以删去。基金委意见与专家的评审意见并不矛盾，"细化研究方案"就是让您再考虑考虑。

8. 计划任务书提交后发现有错误，能修改吗？

回答：在基金委规定的报送计划任务书提交截止日期之前可以修改。和单位的管理员联系，让其退回，修改后再提交。

9. 评审意见中有两条建议是错误的，按自然科学基金规定，"对于有修改意见的项目，请按修改意见调整计划书相关内容；如对修改意见有异议，须在计划书报送截止日期前提出。"该怎么反馈？

回答：可通过邮件与相应科学处联系。

10. 专家给出多达6项建议，基金委的批准通知书中对研究方案的修改意见是：建议进一步完善和细化研究方案。但是感觉自己的方案已经很详细了，再要细化，是否加图示更合适？

回答："建议进一步完善和细化研究方案"的意思就是认真考虑专家意见后进行修改，并不是把研究方案做得再细一点。

11. 修改意见为：注重初始条件和边界条件的论证。是不是把修改后的研究方案写在计划任务书的报告正文中，然后加一句"其他按申请书内容执行"即可？

回答：填写计划任务书时可以这么写。

12. "对研究方案的修改意见：建议进一步提炼研究内容，细化技术路线和方案。"是只对研究方案进行修改，还是需要同时调整研究内容？

回答：根据修改意见对研究方案进行修改。如果确实需要调整研究内容，则进行调整；如果不调整研究内容，则给出理由予以说明。

13. 申请书中预计研究在 4 年内完成，而批准通知书中研究方案的修改意见是：按照一年的研究期限，调整研究计划和研究内容。那么项目计划书中是不是要对申请书进行大的修改，需要删减很多内容？

回答：研究计划和研究内容需要调整、删减内容，这属于小额探索项目，只需把一年的前期内容放进去就可以了。

14. 请问纸质版计划任务书寄到什么地方？

回答：给依托单位科技处，基金委不受理个人寄送材料。

15. 批准通知书中只给了评审意见，没有修改意见，但评审意见中有两位专家说需要明确某些内容。需要将专家说的内容写在计划任务书的正文里吗？

回答：批准通知书里没有修改意见，就不需要把专家说的内容写进计划任务书。

16. 专家对研究方案的修改意见：进一步提炼科学问题，增强创新性。计划任务书正文怎么写呢？

回答：进一步提炼科学问题与增强创新性没有必然的联系，要更加明确科学问题。

17. 请问计划任务书中可以增减成员吗？

回答：计划任务书没有地方可以填写成员，因此计划任务书中不能增减成员。

18. 评审意见主要是"技术路线中的研究途径与技术手段过于分散，建议进一步聚焦，突出创新点。"修改意见也是这样。计划任务书该怎么写？

回答：有可能是研究内容太多了，建议致电相应科学处咨询。

19. 项目批准通知书中对研究方案的修改意见："按同行评议意见修改。"是根据同行评议意见逐条进行修改，还是简要说明主要的改动就可以了？

回答：都可以，自己认为怎么样合理就怎么改。

20. 意见里有一条：预期研究成果部分"提交高质量研究论文 3～4 篇"的说法太含糊。那么计划书里怎么写好些？

回答：要写得明确一些，比如可以写成：发表论文 3～4 篇，其中 1～2 篇 SCI 收录。

21. 申请书中写的完成指标有点高，提交计划任务书时能否减少？有何影响？比如：申请书中写发表 8 篇 SCI（工科）收录的论文，现在可否改为 6 篇？

回答：任务可以定一个范围，如发表论文 4～8 篇，其中 SCI 收录 2～4 篇。如果这个项目做不好，下一个就难以获批了。

22. 修改意见为：①提醒摘要稍作修改。②文中多处出现了错别字；参考文献的撰写不规范、不统一；句号和点号分不清楚。请问该怎么改？

回答：①将摘要稍作修改，不用在正文中写，前面表格里已有。②专家意见提到原申请书中参考文献不规范、不统一，以及部分错别字和标点符号的问题，本人以后注意学术严谨性（说明一下即可）。

23. 修改意见为：注重项目在应用方面的价值。请问该如何修改？

回答：请致电相应科学处咨询。

24. 项目组成员可以调整吗？因为占用了一个副教授的名额，可能会导致这位副教授 3 年内无法申报自己的项目。

回答：不可以，否则获批后大家都调整人员，就乱套了！

25. 有合作单位的话，经费如何分配？

回答：合作单位经费不是协作费，要分配到各科目中，分配金额由各合作单位协商确定。

26. 拨付给合作单位的经费，在经费预算中哪部分体现？

回答：合作研究双方应当在计划书提交之前签订合作研究协议（或合同），并在预算说明书中对合作研究外拨资金进行单独说明。合作研究协议（或合同）无须提交，留在依托单位存档备查。详见 1.4 节。

27. 有合作单位，申报时讲好只给挂名费，没有其他费用。这个挂名费能不能写到协作费中？

回答：合作单位和参与人必须实质性参与项目实施，不允许挂名申报，更不允许给只挂名而没有实质性参与的单位和个人划拨经费。

协作费指为了完成项目中某一工作而支付给非合作单位的费用，比如测序，如果是交给其他单位做，就是协作费。如果是大额支付，需要签订协议或者合同。

28. 请问如果申请书中借用了一个外单位的副高职称人员，现在基金获批了，是否需要分割经费给他？他没有为基金项目的申请提供意见，只是借用了名字和合作单位的简介。是否可以在任务书中把该副教授从研究团队里去除，再加上其他人员？

回答：是否给经费，由双方协商决定，但要遵守财务制度。项目获批后不能随意增减项目团队成员，除非故去，离开单位等，添加其他人员更不可以，否则有失诚信。合作单位和参与人必须实质性参与项目实施，不允许挂名申报，更不允许给只挂名而没有实质性参与的单位和个人划拨经费。

29. 申请时在经费申请表和正文中两个地方注明了调查问卷的具体数量，但是获批经费比申请经费少了 2 万元，请问能否修改问卷数量？如果可以修改数量，是直接在经费申请表中将原来的数量改少，还是需要写一个调整书？或者具体操作过程中灵活处理就行了，此时不必说明或调整？

回答：根据研究的实际需要做预算，好用的可以多做点。不需要写调整书，直接修改。

30. 如果分析测试都是到其他单位去做，这个费用算分析测试费，还是协作费？

回答：协作费指非合作单位承担自然科学基金项目部分研究试验工作的费用，列入"研究经费-协作费"预算科目。例如将测试工作外包给其他单位，并一笔转出费用，那就是协作费；如果是自己单位做，就是分析测试费。

31. 到其他单位进行测试，有可能是多次测试，也可能不是同一家单位，测试费是做一次支付一笔，这算分析测试费，还是协作费？

回答：如果是非合作单位做的测试，无论费用是一笔支付，还是做一次测试支付一笔费用，都是协作费。

32. 在和计划任务书一起提交的经费预算中，是否可以增加点出差和出版相关的费用？

回答：现在经费分三大类进行预算，业务费和劳务费之间可以打通，因此最好是按照申请书的经费预算提交。

33. 和计划任务书一起提交的经费预算是否可以和原申请书中的经费预算不同？

回答：提交计划任务书时一起提交的经费预算可以微调，但是不能做大的调整。现在按照三大类进行预算，业务费和劳务费打通了，在项目实施过程中可以调整，但要按规定向依托单位财务处申请调整审批。

34. 项目实施中用不完的劳务费可以用来买试剂或用作其他支出吗？

回答：现行政策允许业务费和劳务费之间进行调整，但要按规定向依托单位财务处申请调整审批。

35. 项目结题后经费还有结余，自己还可以继续使用吗？

回答：请随时关注基金委的新政策和单位的规定。之前自然科学基金项目结题后结余的经费不予收回，优先给项目组使用。

36. 硕士、博士论文答辩的时候，评审费都是从项目劳务费支出，那些评审和答辩的成员不在项目成员之列。这样做是否符合规定？

回答：这种做法是管理办法不允许的。

37. 博士毕业一年多，参加工作也就一年，目前没有带研究生，可以预见的 2~3 年都不会有研究生（研究生很少），那劳务费还能写吗？

回答：劳务费必须用于支付直接参与研究工作的硕士生、博士生、博士后和项目临时聘用人员的劳动报酬。

38. 带的研究生较多，写申请书的时候没有全写上去，可以给没写进申请书的研究生发劳务费吗？

回答：只要参加了该项目的研究工作，就可以向其支付劳务费，但要遵守财务制度。

39. 可以给本科生发劳务费吗？

回答：原则上是不可以的。

40. 经费决算表中备注（或计算依据与说明）一栏是否要写得非常详细？需要精确到测试多少个样品吗？

回答：需要详细到什么程度，基金委各学部要求不一样，有的严点，有的松点。这里建议写详细一点，这样万无一失。

41. 自己做的程序测试，没有测试费的发票，是否可以把费用直接转到自己的银行卡里？

回答：不行，这样是要犯错误的！

42. 经费预算最后面的"其他经费来源"中，有一项"其他经费资助（含部门匹配）"，这是指单位的配套吗？需要在计划书中写明金额吗？

回答：不需要填写。

43. 面上项目 82 万元，想买台单价 11 万元左右的设备（与研究内容紧密相关），但申报时没有做这项预算，是否可以在随计划任务书一起提交的预算表中加上？

回答：不可以，具体请咨询相应科学处。

44. 是否可以给自己课题组组长（不是申请书中的成员）拨付一点经费？如果可以，在预算表中体现在哪部分？

回答：不能给课题组组长划拨经费。

参 考 文 献

[1] 国家自然科学基金委员会. 2021 年度国家自然科学基金项目指南 [M]. 北京：科学出版社，2021.

[2] 郝红全，郑知敏，严博，等. 2020 年度国家自然科学基金项目申请集中接收与受理情况 [J]. 中国科学基金，2020，34（5）：615-620.

[3] 靳达申，车成卫. 如何提高国家自然科学基金申请质量 [M]. 上海：上海科学技术出版社，2004.

[4] 王来贵，朱旺喜. 国家自然科学基金项目申请之路 [M]. 北京：科学出版社，2021.

[5] 邵华. 工程学导论 [M]. 北京：机械工业出版社，2021.